KB243991

기침 뚝 코가 뻥!

약국 과학

기침 뚝 코가 뻥!
약국 과학

이고은 지음

과학이 들려주는
신통방통 약 이야기

열이 나면 해열제를 찾고, 감기 기운이 돌면 종합 감기약을 사러 약국으로 향합니다. 속이 더부룩할 때, 볼에 뾰루지가 났을 때, 혹은 반창고 한 장이 필요할 때도 당연하다는 듯 약국을 떠올리죠. 약국은 우리의 건강을 책임지는 요긴한 과학으로 가득한 공간입니다. 약국을 가득 채운 다양한 약들에는 어떤 과학이, 얼마나 숨어 있을까요?

우리 집 첫째 온유는 약을 먹을 때마다 신기하다는 듯이 묻습니다. "엄마, 진통제는 내가 머리가 아픈 줄 어떻게 알아? 배 아픈 줄 알고 거기로 가면 어떡해?" 이 엉뚱하면서도 귀여운 질문을 들으면 언제나 꼼짝없이 웃음이 터져 나옵니다. 그런데 하루는 아이의 말을 차근차근 따져 보며 골똘히 생각에 잠겼어요. '정말로 약은 어떻게 아픈 곳을 아는 걸까?', '약 하나에는 얼마나 많은 과학이 숨어 있을까?'

《기침 뚝 코가 뻥! 약국 과학》은 이렇듯 일상에서 만난 아주 사소한 궁금증에서 시작된 책입니다. 진통제는 어떻게 통증을 멈추게 하는지부터, 왜 파스에서는 종류를 막론하고 비슷한 냄새가 나는지, 감기약은 감기가 낫는 데 정말 효과가 있는지 등 궁금증을 하나씩 들여다보니 재미있는 과학이 한가득 펼쳐졌습니다.

책을 쓰는 동안, 늘 곁에 있었지만 잘 몰랐던 약들에 대해 새롭게 배워 가는 즐거움을 누렸습니다. 약 하나에도 수십 년, 때론 수백 년의 연구와 실패, 그리고 과학자들의 치열한 실험과 판단이 담겨 있다는 사실이 놀라웠어요. 무엇보다 그 과정에는 언제나 사람을 살리고자 했던 '과학의 따뜻한 태도'가 함께 하고 있다는 걸 새삼 느꼈습니다.

이 책은 어려운 지식으로 가득한 약학 전문서도 아니고, 전공

자만 알아볼 수 있는 의학 지침서도 아닙니다. 대신 약국에서 흔히 만날 수 있는 열네 가지 의약품에 담긴 친근하고 재미있는 '과학 이야기'를 전하고자 했어요. 장마다 하나의 약이나 용품을 중심으로 화학과 생물, 의약학 원리는 물론, 약의 작용 기전과 함께 역사 속 에피소드도 소개합니다. 나아가 최신 이슈와 연구 동향, 과학 기술까지 폭넓게 담아 약의 미래를 그려 보았습니다. 진통제, 파스, 감기약처럼 우리에게 익숙한 약부터, 생리대, 구충제, 멀미약 등 평소 무심코 지나쳤던 것까지 그 안에 숨은 과학을 한 겹 한 겹 벗겨 보는 재미가 있을 거예요.

읽는 순서 또한 여러분의 몫입니다. 오늘 어깨가 결려서 파스를 붙였다면 파스에 관한 2장의 내용을 먼저 읽어 보세요. 문득 독감 진단 키트가 어떻게 바이러스를 알아내는지 궁금하다면 5장을 먼저 펼쳐도 좋아요. 처음부터 차례대로 읽지 않아도, 호기심이 가는 주제부터 가볍게 읽으며 지식의 갈피를 하나씩 채워 가기를 권합니다.

교사로서 학생들과 함께 과학을 공부하다 보면, 생명과학이나 화학에 흥미를 느끼며 약사 혹은 신약 개발 연구원 같은 진로를 꿈꾸는 아이들을 자주 만납니다. 우리가 늘 지나치던 약국이 실은 일상의 과학실이라는 것을 깨닫는다면, 이들이 약을 바라보는 관점도, 과학을 대하는 태도도 많이 달라질 거예요.

가까이 있지만 미처 들여다보지 못했던, 그래서 더 흥미롭고 더 생생한 신통방통 약의 과학!《기침 뚝 코가 뻥! 약국 과학》이 약에 관심을 가지기 시작한 아이들에게 약의 세계를 더 깊이 이해할 수 있는 기회이자, 새로운 세상을 여는 든든한 발판이 되기를 바랍니다.

통증 신호를
공략하라!

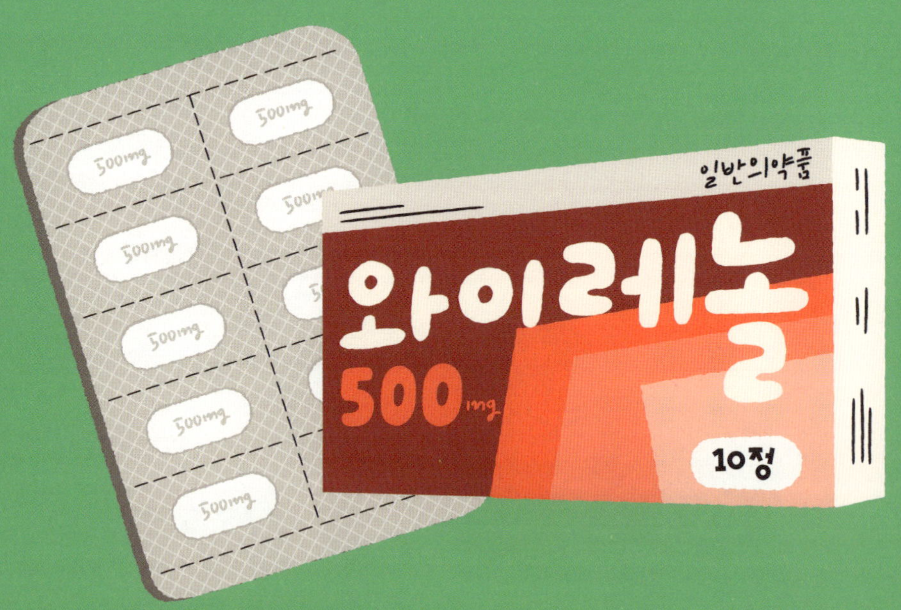

　조선 시대, 이순신 장군이 무과시험을 준비하던 중 말에서 떨어져 왼쪽 다리뼈가 부러졌다는 이야기가 있어요. 주변 사람들은 그가 죽었을지도 모른다고 생각했지만, 이순신은 버드나무 가지의 껍질을 벗겨 다리에 감싸서 스스로 응급처치를 했다고 해요.

　이 일화는 단순한 민간요법으로 보일 수 있지만, 놀랍게도 버드나무 껍질에는 실제로 통증을 완화하는 성분이 들어 있어요. 바로 진통제 '아스피린'의 원료가 된 살리신이라는 물질이죠. 수백 년 전에도 사람들은 병을 치유하기 위해 자연에서 해답을 찾곤 했어요.

　오늘날 작은 동네 약국에도, 우리집 구급약통에도 진통제는 빠지지 않고 구비되어 있는데요. 그렇다면 우리가 먹는 진통제는 어떤 과학을 품고 있을까요?

걷다가 넘어져 무릎이 까지면 왜 바로 "아야!" 하고 외치게 될까요? 이는 단순히 상처가 나서가 아니라, 우리 몸의 신경과 뇌가 협력해서 빠르게 반응하기 때문이에요.

피부나 근육 같은 조직에는 '통각수용기'라는 작은 센서가 있어요. 이 수용기는 강한 압력, 뜨거운 열, 세균이나 손상된 세포에서 나오는 화학물질 같은 '위험 신호'를 감지하죠. 이 신호는 감각신경을 통해 전기 신호로 바뀌어 척수를 지나 뇌로 전달됩니다. 마치 긴급 구조 요청처럼 신속하게 말이죠.

신호를 받은 뇌는 '여기를 다쳤구나!'라고 판단하고, 대뇌피질이나 시상 같은 부위에서 통증을 느끼게 해요. 우리의 뇌는 크게 대뇌, 소뇌, 뇌간으로 나뉘는데요. 그중 대뇌는 뇌의 가장 큰 부분을 차지하며 생각, 감정, 감각 등을 담당해요. 대뇌피질은 대뇌의 겉부분으로, 통증이나 촉각 같은 감각 정보를 처리하는 중요한 역할을 하죠. 시상은 뇌의 가운데쯤에 있는 구조로, 감각 정보를 받아 대뇌피질로 전달해요. 이 모든 과정은 눈 깜짝할 사이에 일어나기 때문에 우리는 곧바로 아픔을 느끼고 반응하게 되죠.

놀라운 사실은 뇌가 이 신호를 받아들이지 못하면 통증도 느

진통제

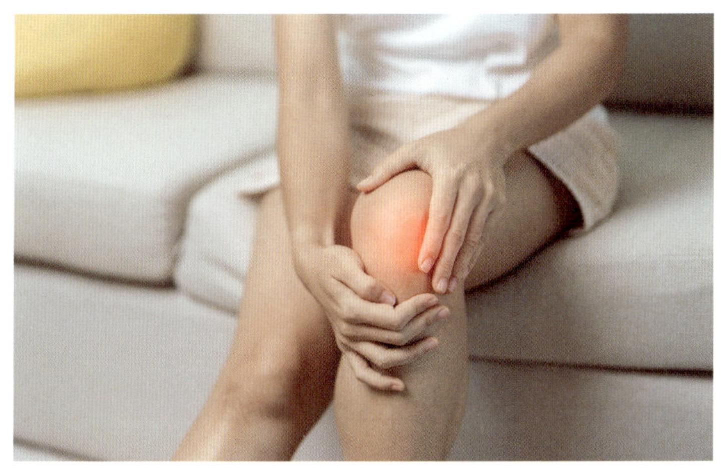

무릎에 관절염이 발생하면 염증 반응의 결과로
붉어짐, 부기, 통증, 열감 등이 나타난다.

낄 수 없다는 점이에요. 너무 놀라거나 극도로 집중했을 때 혹은 뇌의 특정 부위가 손상되었을 때, 이런 일이 실제로 일어날 수 있다고 해요.

그런데 이런 통증을 더 유발하는 것이 있어요. 무릎이 붓고 빨개지는 염증 반응이 그 원인이죠. 겉으로 보기엔 나쁜 현상 같지만, 사실은 그 반대랍니다. 염증은 몸이 스스로를 치유하려는 과정이거든요.

상처가 생기면, 우리 몸은 면역 세포와 혈액을 그 부위로 보내 세균의 침입을 막고 손상된 조직을 복구하려고 해요. 상처 부위에서는 혈관이 확장되고 혈류가 빨라져 더 많은 면역 세포와 치유 물질이 모여듭니다. 이 과정을 염증 반응이라고 해요. 이 과정에서 히스타민, 프로스타글란딘 같은 화학물질이 분비되죠. 이 물질들은 통각수용기를 더 민감하게 만들어서 우리에게 통증을 더 많이 느끼게 해요. 이후 상처 부위에서는 섬유아세포가 등장해 콜라겐 같은 새 조직을 만들고, 혈관이 다시 자라나면서 상처가 조금씩 메워집니다.

이처럼 통증은 괴롭고 피하고 싶은 감각이지만, 우리 몸에 꼭 필요한 보호 시스템입니다. 만약 통증을 전혀 느낄 수 없다면 상처가 나도 제때 처치하지 못해 더 큰 위험에 빠질 수도 있어요. 즉 통증은 단순한 고통이 아니라 우리 몸이 보내는 지혜로운 경고 메시지죠. 아픔 속에는 이미 회복이 시작되었다는 뜻이 담겨 있답니다.

진통제도 잘 골라서 먹어야 한다고?

우리가 아플 때 가장 먼저 찾는 건 진통제예요. 진통제들은 효과나 복용 시기, 상황에 따라 전혀 다르게 작용한답니다.

일반의약품 중에서 가장 많이 쓰이는 진통제 성분은 대표적

진통제

으로 세 가지예요. 타이레놀, 펜잘, 게보린 등에 들어 있는 '아세트아미노펜', 부루펜이나 애드빌 등으로 잘 알려진 '이부프로펜', 그리고 아스피린이라는 이름으로 유명한 '아세틸살리실산'이에요.

이렇듯 같은 성분으로 약을 개발해 판매하는 경우는 흔히 볼 수 있어요. 특허 기간이 끝난 성분은 누구나 자유롭게 사용할 수 있어서, 아세트아미노펜이나 아세틸살리실산 같은 성분은 다양한 제품으로 판매되고 있죠. 그래서 제약회사들은 자기 제품을 차별화하기 위해 쉽게 각인될 수 있는 브랜드명을 사용하고, 서로 다른 소비자층을 겨냥해 광고를 하기도 합니다. 제약회사마다 약의 제조 방법, 배합 비율, 부형제(약을 만들 때 첨가하는 물질) 등이 달라서 주요 성분이 같더라도 완전히 같은 약이라고 볼 수도 없고요.

어쨌든 성분이 다르다고 해도 결국 진통제인데, 왜 어떤 약은 잘 듣고, 어떤 약은 안 듣는 걸까요? 그건 진통제마다 우리 몸에서 작용하는 방식이 다르기 때문이에요. 진통제의 성분에 따라 통증을 줄이는 위치와 방법이 달라지니 증상에 따라 더 잘 듣는 약이 따로 있지요.

아세트아미노펜의 경우 작용 원리가 아직 완벽하게 밝혀지진 않았지만, 주로 뇌에서 통증 신호를 줄이는 방식으로 작용해요.

그래서 열이 날 때나 두통, 생리통처럼 전신에서 느껴지는 통증에 효과적이에요.

반면에 이부프로펜은 통증 부위에서 염증을 유발하는 물질의 생성을 억제해요. 그래서 근육통, 관절염, 치통, 염증성 복통처럼 염증으로 발생하는 통증에 잘 들죠.

한편, 아세틸살리실산은 진통 작용 외에도 혈소판의 응집을 막아 혈액을 묽게 만드는 효과가 있어요. 그래서 성인의 경우 심장 질환 예방을 위해 소량을 장기간 복용하기도 해요. 단, 위장에 자극을 줄 수 있어서 청소년은 복용에 주의해야 한답니다. 특히 감기나 독감에 걸렸을 때 아스피린을 먹으면, 드물지만 라이 증후군이라는 부작용으로 심각한 구토 증상이 나타나거나 혼수 상태에 빠질 수 있어요. 이 때문에 대부분의 의료 지침에서는 16세 이하 어린이나 청소년에게 아스피린 복용을 피할 것을 권장하고 있답니다.

진통제는 어떻게 아픔을 없앨까?

진통제를 먹는다고 해서 상처나 염증이 바로 사라지는 건 아니에요. 그런데도 복용 후 아픔이 사라진 것처럼 느끼는 이유는 무

진통제

엇일까요? 진통제가 신경전달물질과 뇌의 반응을 조절해서, 우리 몸이 느끼는 통증 신호를 약하게 만들거나 아예 차단하기 때문이에요.

예를 들어, 이부프로펜이나 아스피린 같은 진통제는 '사이클로옥시게네이스(COX)'라는 효소의 작용을 막아요. 이 효소는 우리 몸이 '프로스타글란딘'이라는 물질을 만들게 도와주는데요. 프로스타글란딘은 통증과 염증을 유발하는 주범이랍니다. 그래서 COX 효소가 활동을 멈추면 프로스타글란딘이 덜 만들어져요. 결과적으로 통증도 줄어들고, 부기도 가라앉죠.

아세트아미노펜은 좀 달라요. 이 성분은 주로 뇌에서 통증을 감지하는 회로에 작용해서 통증 신호 자체를 약하게 만들어요. 마치 리모컨으로 TV를 끈 것처럼 말이죠. TV가 고장 난 건 아니지만 화면이 안 보이듯이, 상처는 그대로 있더라도 뇌가 그 통증을 '감지하지 못하는' 거예요.

하지만 프로스타글란딘 생성을 줄이든, 통증 신호를 차단하든 상처가 사라진 건 아니에요. 아픔은 느껴지지 않지만 상처나 병은 여전히 남아 있을 수 있죠.

진통제는 우리 일상에 꼭 필요한 약이지만, 병을 치료하는 것이 아니라 고통을 일시적으로 줄여 주는 약이에요. 통증은 우리 몸이 보내는 '무언가 이상하다'라는 중요한 신호예요. 진통제로 그 신호를 잠시 꺼 둘 수는 있지만, 통증의 원인을 찾아서 해결해야 한다는 걸 꼭 기억하세요.

진통제는 감정에도 영향을 줄까?

2015년 미국 오하이오주립대학교의 연구팀은 실험 참가자들에게 아세트아미노펜을 복용하게 한 후, 슬프고 안타까운 소식을 담은 뉴스를 보여 주었어요. 그리고 이들의 반응을, 약을 먹지 않은 사람들과 비교했죠.

놀랍게도 아세트아미노펜을 먹은 사람들은 같은 뉴스를 봐도 감정적으로 덜 반응했어요. 약을 먹지 않은 사람들처럼 눈물을 흘리거나 화를 내는 대신, 무덤덤한 표정을 짓거나 감정 표현이 줄어든 거예요.

이 연구팀은 "진통제가 단순히 육체적 고통만 줄이는 게 아니라, 감정적인 고통까지 무디게 만들 수 있다"라고 설명했어요.

한편, 또 다른 실험에서는 아세트아미노펜을 복용한 사람들이 기쁜 장면이나 유쾌한 영상에도 감정 반응이 약해지는 현상이 관찰됐어요. 진통제는 슬픔뿐 아니라 기쁨의 감정까지도 약하게 만들 수 있다는 거예요. 과학자들은 뇌 속에서 감정과 통증

____

진통제

복용
미복용

을 조절하는 회로가 어느 정도 겹쳐 있기 때문에 이런 일이 가능하다고 보고 있어요.

연구를 보고 '그럼 우울할 때 타이레놀 먹으면 되는 거 아냐?'라고 생각할 수도 있어요. 하지만 그렇게 생각하는 건 금물이에요!

이 효과는 아직 실험을 통해 검증하는 중이고, 모든 사람에게 똑같이 나타나지 않기 때문이에요. 또한 진통제가 감정을 무디게 만들 수는 있지만, 감정의 원인을 해결하거나 치료해 주지는 못하거든요. 오히려 감정을 제대로 느끼지 못하면 더 중요한 질병 신호들을 놓칠 수 있어서 주의가 필요하죠.

이 연구가 말해 주는 건, 하나의 약이 뇌 속 다양한 기능에 영향을 줄 수 있다는 사실이에요. 통증을 줄이기 위해 만든 약이, 의도치 않게 감정에도 영향을 주는 건 우리 뇌가 얼마나 복잡하게 연결되어 있는지 보여 주는 흥미로운 사례예요. 약 하나로 통증뿐 아니라 감정 반응까지 달라질 수 있다니, 과학의 세계는 정말 놀랍지 않나요?

미래의 진통제는 어떤 모습일까?

혹시 진통제를 먹고 효과가 너무 빨리 사라졌다거나 어지럽고

진통제

속이 메슥거리는 경험을 해본 적이 있나요?

이런 차이는 사람마다 유전자가 달라서 나타나요. 어떤 사람은 진통제를 너무 빨리 분해해서 효과가 금방 사라지고, 어떤 사람은 분해가 느려서 진통 효과는 오래 가지만 그만큼 부작용이 더 잘 나타나기도 하죠.

그래서 과학자들은 최근 '맞춤형 진통제'를 개발하고 있어요. 유전자 검사를 통해 사람마다 어떤 진통제가 가장 잘 듣는지를 미리 파악하고, 그에 맞는 약을 처방하는 거죠. 마치 내 몸에 꼭 맞는 옷을 입듯이요.

진통제는 점점 더 똑똑해지고 있어요. 예전에는 약을 먹으면 약효가 온몸에 퍼져 통증이 줄어드는 대신, 위나 간 같은 다른 장기에 부담을 주는 경우가 많았죠. 그래서 지금은 통증이 있는 부위에만 정확히 작용하는 '표적형 진통제'가 개발되고 있어요. 염증이 생긴 조직 혹은 신경이 손상된 곳에만 약이 부분적으로 도달하게 만드는 방식이죠. 표적형 진통제를 복용하면 약의 효과는 극대화하고 부작용은 줄일 수 있답니다. 내비게이션이 목적지를 정확히 찾아가듯, 약도 아픈 부위만 콕 집어 찾아가는 거예요.

또 흥미로운 건, 우리가 먹는 진통제가 꼭 육지에서만 만들어지는 게 아니라는 사실이에요. 과학자들은 바다에서도 진통제의

청자고둥은 코노톡신이라는 맹독이 든 독침을 발사하여
물고기, 갯지렁이 등을 사냥한다.

실마리를 찾고 있어요. 예를 들어, '청자고둥'이라는 바다 달팽이는 사냥할 때 독침을 쏴서 먹이를 단번에 마비시켜요. 이때 사용하는 독이 바로 '코노톡신'인데, 이 독을 활용해 강력한 진통제가 개발됐어요. 현재는 병원에서 일반적인 진통제로는 도저히 견딜 수 없는 극심한 통증을 겪는 환자들에게만 제한적으로 사용되고 있답니다.

앞으로 진통제는 더 안전하고, 더 똑똑하며, 개개인에게 꼭 맞는 방향으로 진화할 거예요. 아플 때 아무 약이나 먹는 시대는

진통제

점점 지나가고 있어요. 어떤 약인지 정확히 알고 있어야 필요할 때 정확한 효과를 볼 수 있겠죠.

진통제는 단순히 고통을 멈추는 약이 아니라 우리가 통증을 어떻게 느끼고, 뇌가 그걸 어떻게 받아들이는지 보여 주는 과학의 창문이에요. 통증과 싸우는 약의 미래, 그 중심에는 우리 몸을 더 잘 이해하도록 돕는 과학이 있답니다.

붙일까, 바를까, 뿌릴까?

12시간 지속 효과
파스Q
5매
소비자 대상
타박상
요통
근육통
COOL
파스
통증을 시원하게
미소래담
COOL
통증 싹-!

　　살면서 한 번쯤 파스를 붙여 본 적이 있죠? 운동을 마친 후 뻐근한 허벅지나 갑자기 욱신거리는 어깨에 붙이면 금방 그 부위가 시원해지면서 통증이 가라앉는 듯해요. 자고 일어나서 근육통으로 몸 어딘가 불편한 느낌이 들 때, 붙이는 파스가 가장 먼저 떠오를 거예요. 이 얇은 스티커가 어떻게 아픔을 줄여 주는 걸까요?

　　겉보기엔 그냥 단순한 스티커 같지만, 파스는 사실 '통증 신호를 다루는 과학'이 담긴 결과물이에요. 사람들은 예전부터 통증을 억제하기 위해 다양한 물질을 아픈 부위에 붙이거나 발라 왔어요. 오랜 '붙이고 바르기'의 지혜가 오늘날 약물 작용 원리와 만나 진화한 것이 파스인 셈이죠. 그럼 파스에 담긴 과학을 함께 알아볼까요?

파스의 조상은 누구일까?

고대 이집트에서는 미라를 만들 때 시체를 썩지 않게 보존하려고 유향과 몰약 같은 향신료를 썼어요. 그런데 이 향신료에는 특별한 기능이 더 있다는 사실을 알고 있나요? 유향과 몰약은 상처를 소독하고 염증을 줄이는 데 효과가 있어서, 고대 이집트인들은 이걸 피부에 직접 바르거나 다른 물질과 혼합해 통증이나 피부 질환을 완화하기도 했답니다. 말하자면 유향과 몰약은 오늘날 파스의 아주아주 먼 조상인 셈이죠.

비슷한 전통은 다른 곳에서도 여럿 발견돼요. 로마 시대에는 다양한 약초와 천연 재료로 통증을 다스렸고, 중국의 한나라 시대에는 약초를 달이거나 피부에 바르는 방식으로 치료하는 한방 요법이 점점 체계화되기 시작했어요. 조선 시대에도 쑥뜸뿐 아니라 황백이나 치자 같은 약재를 피부에 발라 통증을 다스리는 민간요법이 쓰였죠.

이 모든 방법에는 공통점이 있습니다. 바로 '아픈 곳에 직접 바른다'라는 거예요. 왜 그랬을까요? 사람들은 아주 오래전부터 통증이 있는 부위에 약을 직접 전달하면 효과가 좋다는 것을 경험적으로 알고 있었거든요. 이건 수천 년에 걸쳐 쌓아 온 생활 속 과학이었죠.

파스

과거 민간요법으로 통증 부위에 발랐던 겨자 씨앗.

오늘날 파스도 그 원리를 그대로 따릅니다. 약을 먹는 대신, 아픈 부위에 직접 붙여서 피부를 통해 약효가 작용하게 만드는 방식이죠.

근대에 들어서면서 인류가 축적해 온 이 오랜 지혜는 과학과 만나 한층 진화합니다. 19세기 유럽에서는 근육통이 있을 때 겨자 씨앗을 으깨 천에 바르고, 그것을 아픈 곳에 붙이는 찜질 요법이 유행했어요. 겨자의 매운 성분이 피부를 자극해 혈액순환을 돕고 통증을 일시적으로 줄인다고 여겼죠. 실제로 자극 때문에 혈관이 확장되면서 통증 신호가 줄어드는 생리 반응이 일어나기도 해요.

하지만 겨자는 자극이 너무 강해서 피부에 물집이 생기거나 화학적 화상을 입는 일도 자주 있었답니다. 점점 더 많은 약사와 과학자는 고민했죠. '피부를 덜 자극하면서도 통증 완화에 효과적인 성분은 없을까?'

이후 치명적인 부작용이 있는 겨자를 대체하기 위해 화학 성분들이 연구되기 시작했고, 점점 더 안전하고 편리한 형태의 파스가 만들어졌습니다. 이것이 바로 오늘날 우리가 사용하는 파스의 출발점입니다.

붙이는 게 더 똑똑하다?

운동하다 발목을 삐었을 때, 파스를 붙이거나 연고를 바르죠. 같은 통증인데 왜 방법이 다를까요? 그 이유는 피부를 통해 약을 흡수하는 우리 몸의 '경피흡수'에 숨어 있어요.

우리 피부는 단순한 '껍데기'가 아니에요. 외부로부터 세균이나 화학물질이 함부로 들어오지 못하게 하는 정교한 방어막이죠. 피부는 바깥쪽의 단단한 표피, 탄력 있는 진피, 그리고 그 아래 지방층인 피하조직으로 이루어져 있어요.

그런데 그 틈을 비집고 '살짝씩' 들어갈 수 있는 똑똑한 분자들이 있어요. 그런 약물들을 활용해 파스 같은 제품을 만들죠. 특수하게 처리한 약 성분이 피부를 조금씩 뚫고 지나가도록 한 거예요. 그래서 먹는 약처럼 장에 부담을 주지 않고 원하는 부위에 바로 작용할 수 있어요.

물론 이런 피부 흡수 방식은 파스 외에도 연고, 크림, 스프레이처럼 다양하게 쓰여요. 각각의 제형에는 장단점이 있어요. 연고나 크림은 넓은 부위에 바르기 좋고, 스프레이는 뿌릴 수 있어서 간편하죠. 하지만 약이 주변 사물에 닿아 금방 닦이거나 옷에 묻기 쉬워요. 반면 파스는 '딱' 붙이면 움직여도 잘 떨어지지 않고 약효도 오래가요. 특히 통증 부위가 정확할 때는 파스처럼 고정되는 방식이 아주 유리하죠.

그런데 파스 냄새는 왜 그렇게 강할까요? 누가 파스를 붙이고 버스에 타면 바로 알아차릴 수 있을 정도잖아요. 사실 파스의 냄새가 강한 데는 그럴 만한 이유가 있답니다. 놀랍게도 냄새 자체가 약효에 이바지하는 면이 있거든요.

파스에 함유된 멘톨이나 살리실산 메틸 같은 성분은 시원하거나 싸한 냄새가 나는데, 이게 뇌에 '지금 약이 작용 중이야!'라는 신호를 먼저 보내요. 그래서 약효가 실제보다 더 크게 느껴지기도 하죠. 이건 일종의 플라세보효과예요. 실제 약물 작용 외에

도, 감각을 자극해서 기대감을 높이고 통증을 덜 느끼게 만드는 심리학적 기법이죠.

심지어 어떤 파스 광고는 '냄새가 세야 진짜다!'라는 이미지를 강조하기도 했대요. 뇌가 후각과 통증 신호를 비슷한 경로에서 처리하는 걸 계산에 넣은 전략이죠.

파스

이제 파스는 그냥 붙이는 스티커가 아니라, 피부 과학, 약물 전달 기술, 심리학까지 결합한 하이테크 제품이라고 봐야 하지 않을까요? 통증이 있을 때 파스를 바를지 붙일지를 고민하는 건, 단순한 선택을 넘어 과학적으로 내 몸에 맞는 방식을 찾는 과정이에요. 파스를 붙일 일이 있다면, 피부에서 작동하는 이 다양한 기술을 한번 떠올려 보세요. 그냥 붙어 있는 게 아니라 똑똑하게 작용하는 중이니까요.

통증을 없애는 두 가지 공략법

통증을 줄여 주는 파스는 우리 몸에 작용하는 방식에 따라 두 가지 계열로 나뉘어요.

먼저, '소염 진통제 계열'은 말 그대로 염증을 줄이기 위해 작용해요. 몸에 염증이 생기면 그 부위에 통증 신호가 더 활발하게 전달되는데, 이걸 약 성분이 막아 줘요. 다이디클로페낙이나 케토프로펜 같은 성분이 여기에 해당하죠. 소염 진통제 계열의 파스는 관절염이나 타박상처럼 염증이 동반된 통증에 특히 효과적이에요.

다른 하나는 '국소 자극제 계열'이에요. 소염 진통제 계열과

달리 염증을 없애기보다는 통증 신호 자체를 혼란스럽게 만드는 방식이에요. '아야!' 하고 느끼는 신호 전달 과정을 방해하는 거죠. 예를 들어, 멘톨은 피부에 닿으면 시원한 느낌을 주는데, 이 감각이 뇌에 먼저 전달되면서 뇌가 '지금은 시원해'라고 착각하게 만들어요. 덕분에 통증 신호가 느껴지기 전에 다른 감각에 집중하게 되죠.

이걸 과학적으로는 '게이트 조절 이론(Gate Control Theory)'이라고 불러요. 쉽게 말해, 통증 신호가 지나가는 문(gate)을 다른 감각으로 일부러 막거나 헷갈리게 만들어서, 우리가 덜 아프게 느끼도록 유도하는 거예요. 멘톨 외에도 살리실산 메틸, 캡사이신 등이 이런 작용을 해요.

국소 자극제 파스는 운동 후 근육통이나 만성적으로 뻐근한 통증에 쓰여요. 피부에 빠르게 작용하는 데다 비교적 안전하거든요. 시원하거나 따끈한 느낌 덕분에 효과가 있다는 기분이 들기도 하고요.

어떤 파스를 골라야 할지 고민될 땐, '지금 내 통증엔 염증이 있을까, 아니면 단순히 근육이 뻐근한 걸까?' 이렇게 한 번쯤 질문해 보세요. 분명 더 똑똑한 선택을 할 수 있을 테니까요.

뜨겁거나 차갑거나

운동 후에 근육이 뻐근하거나 관절이 욱신거릴 때, 어떤 파스를 붙여야 좋을까요? 시원한 쿨파스? 아니면 화끈한 핫파스?

둘 다 그럴듯해 보이지만, 사실 이 두 종류의 파스는 단순히 느낌만 다른 게 아니에요. 작용하는 방식도 다르고, 사용하는 상황도 완전히 다르답니다. 이 둘은 모두 '국소 자극제'라는 같은 계열에 속하지만, 어떤 감각 수용체를 자극하느냐에 따라 효과가 달라지기 때문이죠.

운동 직후처럼 부기가 생기거나 삐끗한 부위에는 쿨파스, 즉 차가운 파스가 더 잘 맞아요. 멘톨이나 캠퍼 같은 성분이 피부를 시원하게 느끼게 해 주면서, 혈관을 수축시켜 부기와 염증을 줄이는 데 도움을 주기 때문이죠. 축구 경기에서 교체되어 벤치로 들어간 선수가 아이스팩을 무릎에 대는 모습, 본 적 있죠? 같은 원리예요.

반대로, 굳은 근육통이나 오래된 관절 통증처럼 혈액순환이 필요한 경우에는 핫파스, 즉 뜨거운 파스가 더 효과적입니다. 흥미롭게도 핫파스에는 캡사이신이라는 성분이 들어 있어요. 고추의 매운맛을 내는 바로 그 물질이죠. 이 성분이 피부에 닿으면 화끈한 열감이 느껴지는데, 실제로 피부 온도가 올라가는 건 아니랍니다. 대신 캡사이신이 '뜨거움'을 느끼는 감각 수용체를 자극해서, 피부가 진짜로 뜨겁다고 착각하게 만들어요. 뇌가 속는 거예요!

놀랍게도 멘톨도 마찬가지랍니다. 실제로는 차갑지 않지만, '차가움'을 감지하는 수용체를 자극해서 우리 몸이 시원하다고 느끼게 만들죠. 파스는 이런 감각의 착각을 이용해서 통증 신호를 뇌로 전달하는 경로를 방해하거나 혼란스럽게 해요. 우리 몸은 생각보다 감각에 쉽게 속는답니다!

이처럼 통증의 원인과 상태에 따라 우리 몸이 필요로 하는 대응법은 달라요. 그래서 단순히 '시원한 느낌이 좋아서', '더 개운하니까' 같은 기준으로 파스를 고르기보다는 내 몸의 상태를 먼저 잘 살펴보는 게 중요합니다.

파스 하나에도 이렇게 다양한 과학이 숨어 있다는 걸 알고 나면, 여러분도 이제 훨씬 똑똑하고 수월하게 파스를 고를 수 있을 거예요.

스마트 패치는 병원을 대신할까?

붙이는 방법부터 온도까지, 파스의 종류가 정말 다양하죠? 미래

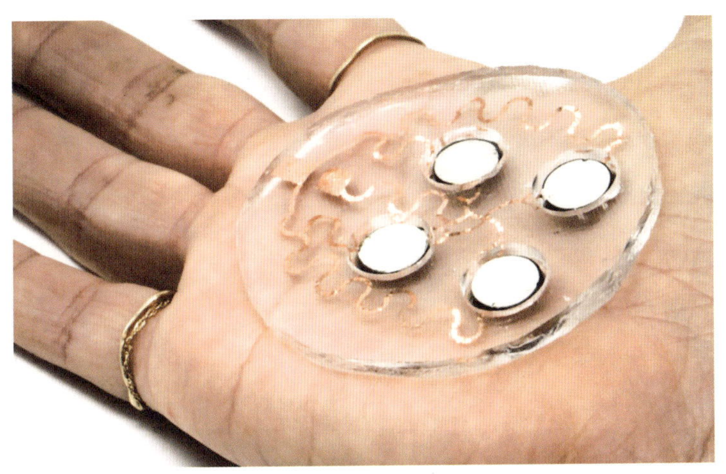

2023년 MIT 연구진이 개발한 약물 주입용 웨어러블 패치.
초음파를 이용해 피부에 미세한 통로를 만들어 약물을 투과할 수 있다.

에는 아예 파스가 병원을 대신할지도 모릅니다.

요즘 과학자들이 주목하고 있는 것은 바로 '스마트 패치' 또는 '전자 패치'예요. 전자 기술이 결합되어 피부에 부착하면 자동으로 약물을 전달하는 똑똑한 파스죠. 이 스마트 패치는 통증을 덜어 줄 뿐만 아니라, 피부에 붙이기만 해도 우리 몸의 정보를 실시간으로 읽고 상황에 따라 치료 방법을 스스로 바꿀 수 있는 기술이 담겨 있어요.

MIT나 스탠퍼드 같은 세계적인 연구소에서는 센서를 통해 피부 온도와 습도를 자동으로 측정하고 통증이 있는 부위에 적

정량의 약물을 투여하는 패치를 연구하고 있어요. 더 놀라운 건 인공지능이 패치의 데이터를 분석해 통증의 강도나 위치를 파악하고 약물을 방출할지, 전기 자극을 줄지, 혹은 열을 가할지 스스로 결정하기도 해요. 사람이 일일이 조작하지 않아도 패치를 붙이기만 하면 직접 판단해서 치료하는 거죠. 말 그대로 '붙이면 알아서 작동하는 똑똑한 약'이에요.

이 기술은 통증 완화를 넘어서 다양한 분야에까지 빠르게 확장되고 있어요. 예를 들어, 당뇨병 환자를 위한 혈당 측정 및 인슐린 분비 조절 패치, 금연을 돕는 니코틴 방출 패치, 심지어 호르몬 균형을 맞춰 주는 패치도 개발 중이랍니다. 과거에는 이런 치료를 위해 병원에 가거나 복잡한 기계를 써야 했지만, 이제는 손바닥만 한 패치 하나로 건강을 관리하는 시대가 열리고 있어요.

아직은 실험실이나 일부 병원에서만 사용되고 있지만, 머지않아 약국에서도 스마트 패치를 쉽게 만날 수 있을지도 몰라요. 감기에 걸렸을 때 해열제를 먹는 대신, 체온 변화에 따라 해열 성분이 자동으로 피부를 통해 흡수되는 패치를 붙일 수도 있죠. 몸에 붙이는 작은 병원이랄까요?

우리가 일상에서 흔히 접하는 파스 안에는 많은 과학이 숨어 있어요. 작은 스티커 안에 감각 신호와 신경 전달, 인공지능 분

석, 웨어러블 센서, 그리고 약물 전달 시스템 같은 첨단 과학기술이 담겨 있다는 사실, 정말 신기하지 않나요? 병원을 품은 작은 패치처럼, 새로운 의약품 기술에 대한 여러분의 호기심도 점점 커지길 바라요!

치료 전
방어가 답이다!

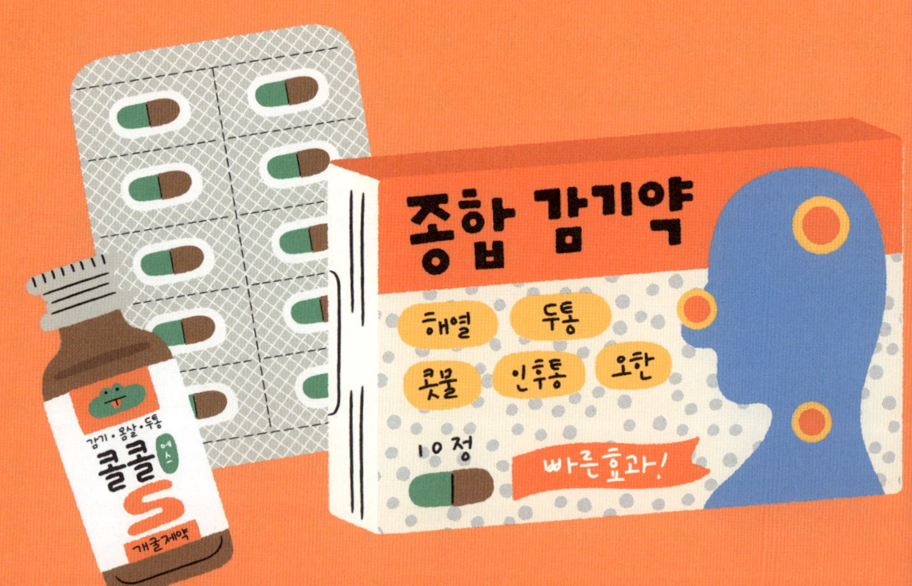

　감기약도, 바이러스에 대한 지식도 없었던 시절이 있었어요. 기침이 나고 열이 오르면 그저 푹 쉬고, 따뜻한 차를 마시고, 두꺼운 이불을 덮어 땀을 냈죠. 유럽에서는 꿀을 넣은 따뜻한 우유나 허브차를, 동양에서는 생강차나 대추차를 마시는 등 인간요법이 감기 치료의 전부였어요. 19세기 후반이 돼서야 바이러스의 존재가 알려졌고, 열을 내리거나 코막힘을 줄여 주는 약이 하나둘 등장하기 시작했죠.

　놀랍게도 아직까지 감기 자체를 치료하는 약은 없답니다. 그만큼 감기 바이러스는 만만치 않아요! 그런데 TV 광고만 보아도 감기약 종류가 정말 많지 않나요? 감기를 고칠 수는 없다는데, 그 약들은 도대체 뭘 해 주는 걸까요? 자세히 알아봅시다.

기침에 열도 나면 독감일까?

목이 따끔하고 콧물이 흐르면 감기에 걸린 건 아닐까 걱정이 되죠. 기침이 계속되고 열까지 나면 혹시 코로나19에 걸렸을지도 모른다는 불안감이 커져요. 이런 혼란은 어른들도 겪어요. 감기와 독감과 코로나19는 호흡기 질환, 즉 코, 목, 기관지, 폐처럼 숨 쉬는 길에 문제가 생기는 병이에요. 증상은 비슷하지만, 원인이 되는 바이러스와 증상의 강도는 꽤 다릅니다.

먼저 감기부터 살펴볼까요? 감기는 보통 콧물, 재채기, 목 따가움 같은 가벼운 증상으로 시작해요. 열이 나더라도 미열 정도이고, 며칠 쉬면 나아지는 경우가 많죠. 하지만 면역력이 약하면 다른 병에 걸릴 틈을 만들기도 해요.

감기는 한 가지 바이러스 때문에 발생하는 게 아니라 수백 종의 바이러스가 원인이 될 수 있어요. 가장 흔한 건 리노바이러스인데, 이 안에도 100종이 넘는 변종이 존재해요. 재미있는 사실은 코로나바이러스도 감기를 일으킬 수 있는 바이러스 중 하나라는 거예요! 물론 코로나19를 일으킨 코로나바이러스는 훨씬 강력한 신종이죠.

한편 독감은 감기와 이름만 비슷할 뿐, 원인과 증상이 전혀 다릅니다. 인플루엔자바이러스가 원인인데, 이 바이러스는 A형,

감기약

B형, C형 등 여러 종류가 있고, 해마다 유전자가 살짝 바뀌면서 매년 겨울에 유행해요. 독감에 걸리면 갑자기 고열이 나고, 두통과 근육통, 심한 피로감이 함께 찾아오죠. 특히 어린이와 노약자에겐 폐렴과 같은 합병증으로 이어질 수 있어 각별한 주의가 필요해요.

코로나19의 원인은 SARS-CoV-2라는 신종 코로나바이러스예요. 원래 코로나바이러스 중에는 감기 정도의 가벼운 병만 일으키는 종류가 많았는데, 이 신종은 전파력도 강하고, 심하면 폐렴, 후각 상실, 호흡 곤란까지 유발할 수 있어요.

비슷한 계열로는 사스(SARS)와 메르스(MERS)도 있어요. 이들 역시 코로나바이러스의 친척이에요. 사스는 2003년에, 메르스는 2015년에 유행했죠. 전파력은 코로나19보다 낮았지만, 치명률은 훨씬 높았습니다.

이처럼 같은 바이러스지만 종류가 다양하고, 감기 증상으로 시작하더라도 완전히 다른 병일 수 있어요. 과학을 알면 내 몸이 보내는 신호를 더 정확하게 읽을 수 있답니다.

작년에 이어 올해 또 감기에 걸렸다고요? 심지어 한 해에도 두세 번씩이나요? 감기에 많이 걸려 억울할 수도 있지만, 그건 전혀 이상한 일이 아니에요. 오히려 자연스러운 현상이죠. 감기 바이러스는 변신의 달인이니까요.

우리가 흔히 말하는 '감기'는 병이 아니에요. 앞서 설명했듯이, 감기를 일으키는 바이러스는 한두 종류가 아니라, 무려 수백 가지나 되기 때문이죠. 리노바이러스처럼 100여 종의 변이체를 가진 바이러스가 있는가 하면, 아데노바이러스, 코로나바이러스 같은 다른 바이러스들도 감기를 일으킬 수 있죠.

감기 바이러스들은 마치 이어달리기하는 셈이에요. 매번 다른 바이러스가 이전과 다른 옷을 입고, 다른 이름표를 달고, 몸 속 면역 시스템의 눈을 피해 몰래 침입하니까요. 작년에 우리가 물리친 적군은 올해는 전혀 다른 얼굴, 다른 말투, 다른 걸음걸이로 다시 나타나요. 그러니 면역 시스템도 감기 바이러스에게 깜빡 속아 넘어가죠.

그럼 백신을 만들면 되는 거 아니냐고요? 감기 바이러스는 백신을 만들기에도 까다로운 상대예요. 예를 들어, 독감 바이러스는 매년 새로운 백신이 나와요. 독감 바이러스의 변이를 어느

감기약

정도 예측할 수 있기 때문이에요. 전 세계 감시망을 통해 어떤 바이러스가 유행할지를 미리 분석하고, 그 예측에 맞춰 백신을 만들 수 있죠.

하지만 감기 바이러스는 다른 바이러스들과 다릅니다. 적이 너무 많고, 움직임을 예측하기 어려워요. 한두 종류의 바이러스를 겨냥해 백신을 만들면, 다음 달엔 또 다른 바이러스가 등장하죠. 그래서 지금까지도 '완벽한 감기 백신'은 과학자들에게 풀리지 않은 숙제랍니다.

감기는 대부분 가볍게 앓고 지나가는 병이니 너무 억울해하지는 마세요. 하지만 감기 바이러스가 결코 단순하거나 만만한 상대는 아니라는 사실, 이제 알겠나요?

감기 걸리면 왜 이렇게 피곤할까?

감기에 걸리면 기운이 없고, 밥맛도 떨어지고, 온몸이 축 늘어진 느낌이 들죠? 괜히 그런 게 아니에요. 이런 증상들은 모두 다 우리 몸이 감기 바이러스와 아주 치열한 전쟁을 치르고 있다는 증거랍니다.

감기 바이러스가 몸속에 들어오면, 우리 몸은 즉시 비상경보

를 울리고 면역 시스템을 전투태세로 전환해요. 백혈구와 다양한 면역 세포들이 바이러스를 잡으러 출동하죠. 문제는 이 싸움에 많은 에너지가 든다는 거예요.

우리 몸은 평소에도 밥을 소화하고, 생각하고, 움직이는 데 에너지를 써요. 그런데 감기와 싸우는 동안에는 그 에너지를 '소화'나 '활동' 같은 일상적인 기능보다 '방어'와 '치료'에 우선적으로 사용하죠. 마치 축구 경기에서 상대 팀이 맹공격을 가하면, 우리 팀이 공격을 잠시 멈추고 수비에 집중하는 것처럼요. 사람의 몸도 똑같아요. 바이러스라는 적이 침입하면, 평소에 하던 일은 잠시 멈추고 온몸이 적과 싸우는 데 집중해야 해요. 그러니 피곤하고 나른한 건 당연한 반응이에요.

몸에서 열이 열이 나는 것도 같은 원리예요. 감기 바이러스는 높은 체온보다 비교적 낮은 체온에서 더 잘 증식해요. 그래서 우리 몸은 일부러 체온을 올려 바이러스가 활동하기 어려운 환경을 만들려고 합니다. 열이 난다는 건 우리 몸이 싸우고 있다는 강력한 신호예요.

기침이나 콧물, 재채기 같은 증상들도 몸의 방어 전략이에요. 콧물은 코안에 들어온 바이러스를 씻어 내기 위한 세정 작전이고, 기침은 기도에 붙은 이물질이나 바이러스를 몸 밖으로 내보내는 행동이죠. 재채기도 코안 점막에 침입한 자극을 밀어내는

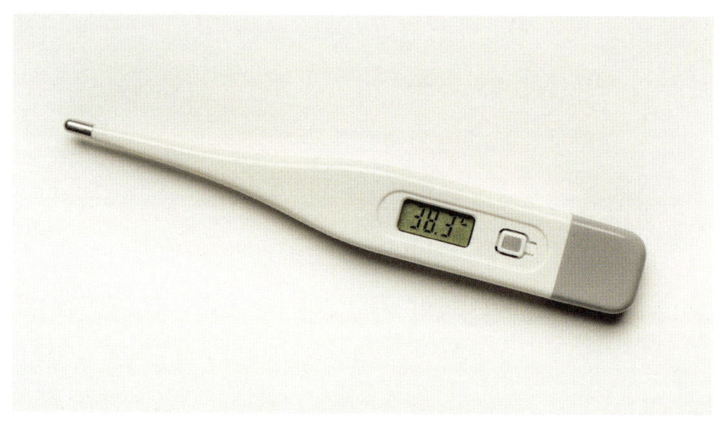

**감기에 걸리면 몸의 면역 반응으로
고열, 기침, 콧물 등이 나타난다.**

반사 반응이에요. 이 모두 우리 몸이 열심히 싸우고 있다는 증거죠.

게다가 겨울은 감기 바이러스가 퍼지기 쉬운 환경이에요. 바이러스는 공기가 건조할 때 더 오래 살아남죠. 또 사람들이 따뜻한 실내에 오래 머무르기 때문에 전파되기도 더 쉬워요. 추운 날씨에 우리의 면역력도 평소보다 약해지기 마련이고요.

그렇지만 감기는 대부분 며칠 푹 쉬면 자연스럽게 회복되는 바이러스 질병이에요. 충분한 휴식이야말로 몸의 회복을 돕는 최고의 처방이랍니다. 마치 전쟁 중인 군대가 안정적으로 물자 보급을 받아야 전투를 계속할 수 있듯이, 면역 시스템도 에너지

감기약

를 보충해 줘야 계속 잘 싸울 수 있거든요.

감기약의 진짜 역할

"감기약을 먹으면 감기가 낫기까지 14일, 안 먹으면 2주가 걸린다." 언뜻 들으면 그럴듯한 말 같지만, 사실 14일이나 2주나 표현이 다를 뿐이죠. 먹든 안 먹든 회복 기간에 차이가 없다면 감기약은 도대체 왜 먹는 걸까요?

일반적으로 약국이나 병원에서 처방하는 감기약은 여러 가지 성분이 섞인 '복합 약'이에요. 각각의 성분이 감기로 인해 나타나는 몇몇 증상을 개선해 주죠. 어떤 약들이 들어 있는지 자세히 살펴볼까요?

먼저, 열이 나고 몸살이 심할 땐 해열진통제가 체온을 낮추고 통증을 줄여 줘요. 대표적인 성분으로는 앞에서 설명했던 아세트아미노펜과 이부프로펜이 있어요.

콧물이나 재채기가 멈추지 않을 땐 항히스타민제가 증상을 완화해 줘요. 감기에 걸리면 '히스타민'이라는 물질이 코점막을 자극해 이런 증상을 일으키는데, 항히스타민제가 콧물과 재채기를 막아 주죠.

기침이 심하거나 가래가 많다면 어떤 약이 도움이 될까요? 진해제(기침 억제제)와 거담제가 효과가 있어요. 진해제는 뇌줄기 아래쪽에 있는 '연수'라는 부위에 작용해서, 그 안에 있는 기침 중추를 진정시켜요. 연수는 기침뿐 아니라 재채기, 구토, 호흡 같은 여러 반사작용을 조절하는 중요한 중추랍니다. 진해제를 먹으면 뇌가 기침하라는 신호를 덜 보내서 기침이 멈추는 원리예요. 또 거담제는 가래를 묽게 만들어서 쉽게 뱉어 낼 수 있도록 도와줘요.

감기로 코가 꽉 막혀서 숨쉬기 곤란했던 적이 있을 거예요. 이때 코막힘 완화제를 쓰면 코점막의 혈관을 수축시켜서 부기를 줄이고 숨통을 트여 줘요. 이처럼 감기약은 감기의 원인을 치료하는 게 아니라, 감기로 인한 불편한 증상들을 완화해서 우리가 좀 더 편하게 회복할 수 있도록 도와주는 '맞춤형 조력자'랍니다.

그럼 또 하나의 의문! 감기약을 먹으면 왜 그렇게 졸릴까요? 바로 항히스타민제가 졸음의 주요인입니다. 이 약은 콧물과 재채기를 줄여 주는 동시에 뇌 속의 '히스타민 수용체'도 차단해요. 이 히스타민은 각성 상태를 유지하는, 즉 우리가 낮에 깨어 있도록 돕는 신경전달물질이에요. 항히스타민제로 인해 이 작용이 억제되면 졸음이 밀려오죠. 그러니까 감기약을 먹고 졸린 건

감기약

단순히 피곤해서가 아니라 약 성분 때문이에요.

결국 감기약은 감기를 '빨리 낫게 해 주는 약'이 아니라, 감기와 싸우는 동안 우리를 덜 고생하게 해 주는 약이에요. 증상이 가볍고 견딜 만하다면 굳이 약을 먹지 않아도 괜찮지만, 일상생활이 불편할 정도라면 감기약은 분명 우리 몸의 든든한 지원군이 되어 줄 거예요. 잘 먹고, 잘 쉬고, 무엇보다 몸의 회복력을 믿는 것, 감기에서 벗어나기 위해 기억해야 할 세 가지 기본 원칙이죠.

감기를 완전히 이길 수 있을까?

감기는 누구나 자주 겪는 흔한 질병이지만, 완전히 정복하기 어려운 상대예요. 앞서 언급했듯이 감기를 일으키는 바이러스 종류가 다양하고 계속해서 변이를 일으키거든요. 우리 몸의 면역 시스템이 알아서 바이러스를 처리해 주긴 하지만, 이런 어려움 때문에 지금까지 감기를 말끔히 치료하는 약이나 백신이 개발된 적은 없어요. 그런데 요즘 과학자들은 이 감기를 뿌리부터 해결해 보겠다고 다양한 연구를 하고 있답니다.

예를 들어, 몇몇 연구팀에서는 AI를 이용해 감기 바이러스가 앞으로 어떤 모습으로 변할지 예측을 시도하고 있어요. 하버드 의과대학과 옥스퍼드 대학 연구팀은 'EVEscape'라는 AI를 개발했는데, 이는 바이러스의 진화 과정을 분석해서 미래에 나타날 변이를 예측할 수 있게 도와주는 도구예요. 만약 이 기술이 코로나19 팬데믹 초기에 등장했다면, 주요 변이 바이러스를 좀 더 빨리 알아차릴 수 있었을 거라고 합니다.

mRNA 기술을 활용한 백신 연구도 활발하게 진행되고 있어요. mRNA는 유전정보를 바탕으로 단백질을 합성하는 물질을 말해요. 이 mRNA을 기반으로 한 백신 기술은 코로나19 백신에서 크게 주목을 받았어요. 최근엔 영국의 제약사가 mRNA 기반의 독감 백신을 개발해 임상 실험 중이라고 해요. 이 방식은 감기 바이러스 치료에도 효과적일 수 있어서 많은 사람의 기대를 모으고 있죠.

나노 기술을 활용한 백신도 눈여겨볼 만해요. 옥스퍼드, 케임브리지, 캘리포니아 공과대학 연구팀은 서로 다른 코로나바이러스 단백질을 아주 작은 나노 입자에 결합해 만든 백신을 개발했어요. 이 백신은 여러 종류의 바이러스에도 한 번에 대응할 수 있는 면역 반응을 만들어 냈어요. 여러 형태로 변이하는 코로나바이러스에 대응하고 감기처럼 바이러스 종류가 다양한 감염병에도 응용될 가능성을 보여 줬죠.

─────────────

감기약

이런 연구를 보면 감기를 완전히 예방하거나 치료할 날이 머지않은 듯해요. 감기 바이러스를 공략하기 위한 과학 기술은 이렇게 일상 속 작은 불편함까지 해결해 나가며 점점 더 놀라운 변화를 이끌고 있답니다.

4. 비타민C

세포를 지키는
신앗의 비밀

　레온 한 조각이 생명을 구했다면 믿을 수 있겠어요? 18세기, 바다에서 오랫동안 항해하던 영국 선원들 사이에서 원인을 알 수 없는 이상한 병이 퍼졌어요. 잇몸이 부어오르고, 상처도 잘 낫지 않고, 심하면 목숨까지 잃었죠. 이 병의 정체는 바로 '괴혈병'이에요.

　1747년, 영국 의사 제임스 린드는 한 실험을 통해 병을 낫게 할 방법을 찾아냈어요. 괴혈병에 걸린 선원들에게 각각 다른 음식을 주고 비교한 결과, 레몬이나 오렌지를 먹은 그룹만 회복한 거예요! 단순한 실험이지만 당시로선 엄청난 발견이었죠. 물론 그때는 '비타민C'라는 이름도 개념도 없었지만, 이 사건 덕분에 추후 비타민C의 중요성이 밝혀졌어요.

레몬, 오렌지, 귤의 공통점은 톡 쏘는 신맛이에요. 신맛이 나는 요인 중 하나가 비타민C랍니다. 비타민C의 정확한 이름은 '아스코르브산'입니다. 이름으로 알 수 있듯이 약한 산성을 띠는 유기산이에요. 이런 유기산은 입안에서 신맛을 감지하는 미각 수용체와 반응해 시큼하고 상큼한 맛을 느끼게 하죠. 비타민C가 풍부한 과일에서 상큼한 맛이 나는 이유랍니다.

비타민C가 단지 신맛만 내는 성분은 아니에요. 감기에 걸리면 비타민C를 챙겨 먹으라는 말을 들어 본 적이 있나요? 민간요법처럼 들릴 수 있지만, 알고 보면 과학적인 근거도 있어요. 비타민C는 우리 몸의 면역 시스템이 더 잘 작동하도록 도와주는 역할을 하거든요.

특히 비타민C는 백혈구, 그중에서도 '호중구(중성구)'라는 면역세포가 잘 기능하도록 도와줘요. 혈액을 구성하는 성분 중 하나인 백혈구는 호중구, 림프구, 단핵구, 호산구, 호염기구 등 그 종류가 다양해요. 이들은 각각 다른 방식으로 우리 몸을 보호한답니다. 호중구는 몸에 침입한 병원체를 포식하는데, 비타민C는 이 세포들이 더 빠르게 움직이고 효과적으로 병원체를 없애도록 힘을 실어 주죠.

병원체와 백혈구의 싸움이 끝난 후엔 몸속에 활성산소 같은 유해한 찌꺼기들이 남아요. 이 활성산소는 병원체뿐 아니라 우리 몸의 세포까지 공격할 수 있는 위험한 물질이에요. 비타민C는 이런 유해 물질을 정리하는 항산화 작용도 해요. 덕분에 면역 세포가 지치지 않고 오랫동안 일할 수 있죠.

그래서 비타민C는 '항산화제'로도 알려져 있어요. '산화를 막는다'라는 말, 조금 어렵게 느껴지죠? 우리 몸이 햇빛, 스트레스, 오염 물질 등으로 인해 자극을 받으면 활성산소라는 불안정한 물질이 만들어지면서 세포의 단백질이나 DNA를 손상시켜요. 이런 과정이 반복되면 노화나 질병의 원인이 되죠.

비타민C는 이 활성산소를 중화시켜서 세포가 손상되지 않도록 지켜 줘요. 마치 스펀지가 물을 흡수하듯, 비타민C는 활성산소를 붙잡아 없애 버리죠.

항산화가 얼마나 중요한지 한 가지 실험을 예로 들어 볼게요. 사과 한 조각을 실온에 두면 금방 갈색으로 변하죠? 산화가 일어난 거예요. 이때 사과에 레몬즙을 뿌려 두면 훨씬 더 오래 싱싱하게 유지돼요. 레몬즙 속의 비타민C가 산화를 막기 때문이에요. 우리 몸속에서도 이와 비슷한 일이 매일 벌어지고 있답니다.

비타민C는 눈에 보이지는 않지만, 우리 몸속에서 아주 중요한 일을 날마다 해내고 있어요. 특히 '콜라겐'을 만드는 데 꼭 필요한 조력자입니다.

콜라겐이라고 하면 흔히 피부를 탄력 있게 해 주는 성분이라고 생각하는데요. 콜라겐은 피부뿐 아니라 우리 몸 전체를 구성하는 중요한 단백질이에요. 뼈, 혈관, 근육, 잇몸, 심지어 눈 속 깊은 곳까지 우리 몸 구석구석에 콜라겐이 들어 있거든요. 마치 건물 속 철근처럼, 콜라겐이 있어야 몸의 구조가 무너지지 않고 단단하게 유지될 수 있죠.

그런데 이 콜라겐은 비타민C 없이는 제대로 만들어질 수 없어요. 콜라겐이 형성되려면 아미노산끼리 단단히 연결되는 '하이드록실화' 과정이 필요하거든요. 이 과정을 담당하는 효소는 비타민C가 있어야만 제대로 작동할 수 있어요. 비타민C가 부족하면 콜라겐이 잘 만들어지지 않아서 몸 곳곳에 문제가 생기기 시작해요.

예를 들어, 잇몸에서 피가 나거나 멍이 잘 들고, 상처가 쉽게 낫지 않는 증상들이 나타날 수 있어요. 대항해시대에는 장기간 배에서 생활해야 했던 선원들에게 이런 증상들이 많이 나타났

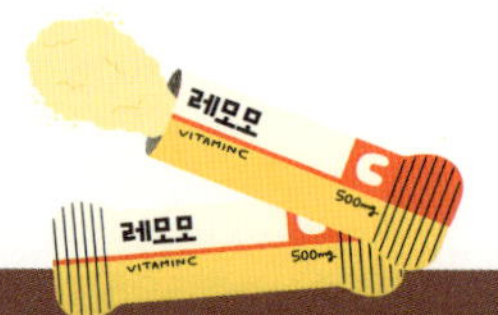

어요. 아직 영양제가 없던 시절, 과일로 비타민c를 충분히 섭취하지 못해 괴혈병을 앓았기 때문이에요.

비타민C는 점막을 튼튼하게 유지하기 위해서도 꼭 필요해요. 점막은 입안, 콧속, 장 같은 부위를 덮고 있는 얇은 막인데, 외부의 세균이나 바이러스가 몸속으로 들어오지 못하게 막는 1차 방어막 역할을 해요. 이 점막도 콜라겐으로 이루어져 있어서 콜라겐이 충분하지 않으면 약해져요. 그러니 비타민C는 몸속 구석구석 깊은 곳까지 지켜 주는 건강의 파수꾼인 셈이죠.

왜 인간만 비타민C를 못 만들까?

고양이, 개, 쥐, 심지어 새까지 많은 동물이 스스로 비타민C를 직접 만들 수 있어요. 굳이 과일이나 채소 등 비타민C가 든 음식을 따로 챙겨 먹지 않아도, 몸속에서 필요한 만큼 알아서 만들어 내죠. 하지만 인간의 몸은 비타민C를 스스로 만들 수 없어요. 왜 그럴까요?

그 이유는 인간의 유전자에 있어요. 놀랍게도 아주 오래전에는 우리 조상들도 비타민C를 몸속에서 합성할 수 있었어요. 간에서 'L-굴로노락톤 산화효소'가 작동하면서 비타민C를 만드는 경로가 있었거든요. 그런데 어느 시점부터 이 효소를 만드는 유전자가 돌연변이를 일으켜 제 기능을 잃었답니다. 이후로 비타민C 합성이 불가능해졌어요. 지금도 이 유전자는 우리 몸속에 남아 있지만, 더는 작동하지 않는 비활성 상태예요. 마치 전기는 들어오지만 스위치가 고장 나서 불이 켜지지 않는 것처럼요.

'유전자에 이상이 있으면 문제가 되는 거 아닌가요?'라고 생각할 수 있어요. 하지만 당시 인간 조상들은 과일이 풍부한 환경에서 살았기 때문에 식사를 통해 비타민C를 섭취할 수 있었어요. 일부러 몸에서 만들 필요가 없었죠. 다윈이 말한 자연선택의 관점에서 보면, 생존에 큰 영향을 주지 않는 기능은 시간이 지나면서 사라지거나 약해지기도 해요. 꼭 필요하지 않다면 굳이 유지하면서 에너지를 낭비할 이유가 없으니까요.

그렇게 유전자가 '고장 난' 상태가 지금까지 이어졌고, 우리는 지금도 비타민C를 음식으로 꼭 챙겨 먹어야 해요. 조금 억울하게 들릴 수도 있지만, 이건 인간 진화의 과정에서 발생한 자연스러운 결과예요. 그러니 지금 우리에게 필요한 건, 유전자가 고장 났다는 불평이 아닌 비타민C가 풍부한 과일과 채소를 매일 꾸준히 섭취하는 습관입니다.

비타민C

요즘은 알약이나 젤리, 가루처럼 다양한 형태의 비타민C 영양제를 쉽게 볼 수 있어요. 날마다 챙겨 먹는 사람도 많고요. 그런데 이런 생각이 들지도 몰라요. '비타민C, 꼭 영양제로 먹어야 할까?'

과일과 채소 중에는 비타민C가 풍부한 음식들이 꽤 많아요. 귤, 딸기, 오렌지, 브로콜리, 피망, 양배추 등은 비타민C가 가득 들어 있는 대표적인 음식이에요. 평소에 이런 음식들을 골고루 잘 먹는다면, 굳이 영양제를 따로 챙겨 먹지 않아도 돼요.

하지만 바쁘게 생활하다 보면 매번 균형 있는 식사를 하기 쉽지 않죠. 과일을 잘 안 먹거나, 끼니를 자주 거르거나, 외식이 많거나, 시험 공부로 스트레스를 받아 몸이 지쳐 있을 때도 있어요. 특히 감기나 피로가 잦은 시기에는 비타민C가 더 필요해질 테고요. 이럴 때는 영양제가 보조 역할을 할 수 있어요. 단, 어디까지나 '보조'일 뿐, 식사를 대신할 수는 없다는 걸 꼭 기억해 두세요.

혹시 천연 비타민C가 몸에 더 좋은 건 아닐까 하고 또 다른 의문이 들 수도 있어요. 과학적으로 접근하면 천연 비타민C든 합성 비타민C든 화학구조는 물론, 몸이 흡수하고 사용하는 방

비타민C가 풍부한 각종 과일들.

식도 같아요. 흡수율이나 효과 면에서 큰 차이가 없다고 하죠.

물론 과일이나 채소처럼 천연 비타민C가 풍부한 음식에는 식이섬유를 비롯한 좋은 영양소들도 함께 들어 있으니, 가능하면 음식으로 챙기는 게 가장 좋아요. 하지만 합성 비타민C라고 해서 무조건 나쁘거나 효과가 덜한 건 아니랍니다. 과학적으로 검증된 안전한 제품이라면, 천연이든 합성이든 자신의 식습관에 맞춰 적절하게 섭취하는 게 중요하죠.

결국 핵심은 '얼마나 규칙적으로, 똑똑하게 챙겨 먹느냐'예요.

영양제를 먹을지 말지는 내 생활 습관과 식단을 돌아보며 현명하게 선택하면 된답니다.

영양제를 넘어 암 치료까지?

과학자들은 어떻게 하면 비타민C를 더 다양하고 유용하게 사용할 수 있을지 연구하고 있어요. 예를 들어, 고용량 비타민C가 암 치료에 사용할 수 있을지 검증하기 위한 연구가 활발히 진행 중이에요.

2024년, 미국 아이오와 대학의 연구팀이 췌장암 환자에게 많은 양의 비타민C를 정맥 주사로 투여했더니, 생존 기간이 평균보다 길어졌다는 결과를 발표했어요. 아직 실험 단계인 데다 모든 암에 효과가 있는 건 아니지만, 비타민C가 면역 세포의 기능을 도와서 면역 치료와 함께 쓰이면 더 좋은 효과를 낼 수도 있다는 가능성을 보여 준 연구였어요.

코로나19가 한창 유행했을 때도 비타민C는 주목받았어요. 중증 코로나 환자에게 고용량 비타민C를 투여했더니 사망률이 줄었다는 연구 결과가 나왔거든요. 반면 사망률에 큰 차이가 없었다는 연구도 있었어요. 아직은 연구 결과가 엇갈리지만, 비

비타민C

타민C의 역할을 더 명확히 밝혀 내기 위한 노력은 계속되고 있어요.

　이처럼 비타민C는 우리가 생각하는 것보다 훨씬 더 바쁘게 일하는 영양소예요. 평소 알약이나 주스로 자주 접했던 비타민C, 이제는 조금 더 특별하게 느껴지지 않나요?

연봉 하나로 밝히는 바이러스의 정체

1918년, 전 세계를 휩쓴 정체불명의 전염병이 있었습니다. 사람들은 그것을 '독한 감기' 정도로 여겼지만, 전 인류에게 치명적인 전염병이었어요. 그 병의 원인은 오늘날 우리가 '독감'이라 부르는 인플루엔자 바이러스였죠.

당시에는 바이러스라는 개념도 낯설고, 병을 정확히 진단할 기술도 없어서 제대로 대응할 수 없었어요. '스페인 독감'으로 불린 그 전염병은 단 몇 년 사이에 전 세계적으로 약 5,000만 명의 생명을 앗아 갔습니다.

지금도 그 후손인 H1N1형 인플루엔자 바이러스는 계절 독감으로 우리 곁에 남아 있어요. 다행히 오늘날에는 백신과 치료제, 정확한 진단 도구 덕분에 피해가 훨씬 줄어들었죠. 그렇다면 지금은 독감을 어떻게 진단할까요?

눈에 보이지 않는 적을 찾아라

100년 전만 해도 '독감'이라는 말조차 낯설었어요. 열이 나고 기침하다 갑자기 쓰러지는 사람들이 곳곳에서 나타나고, 많은 사람이 목숨을 잃기도 했죠.

당시 과학자들은 세균을 독감의 원인으로 지목했어요. 현미경으로 세균까지는 관찰할 수 있었고, 세균이 병을 일으킨다는 일명 '세균설'이 막 받아들여지던 시기였거든요. 반면 바이러스는 너무 작아서 일반 현미경으로는 보이지도 않는 데다가 살아 있는 세포가 없으면 혼자서는 자랄 수도 없기 때문에, 그 존재를 확인하기가 매우 어려웠죠.

그렇다면 바이러스와 세균은 뭐가 다를까요? 세균은 스스로 살아갈 수 있는 생명체예요. 스스로 에너지를 얻고, 번식도 할 수 있죠. 반면 바이러스는 혼자서는 아무것도 못 해요. 꼭 살아 있는 생물의 세포에 들어가야 활동할 수 있죠. 그래서 세균을 죽일 수 있는 항생제도 바이러스엔 전혀 듣지 않아요. 당시 사람들은 독감이 세균 때문이라 생각해 항생제로 치료하려 했지만, 당연히 효과가 없었답니다.

지금은 콧속에 면봉을 집어 넣어 몇 분 만에 독감 바이러스 감염 여부를 알 수 있어요. 과학자들이 바이러스의 존재를 밝혀

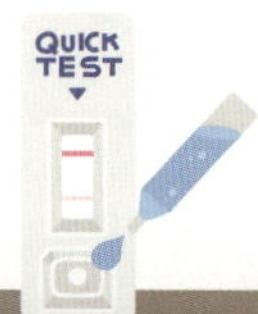

독감 진단 키트

내고, 그 특징을 파악하면서 가능해진 일이죠. 다음에 면봉으로
독감 검사를 할 일이 생기면, 불편하다고 느끼기보다는 작은 독
감 진단 키트 안에 100년 넘는 과학의 노력이 담겨 있다는 사실
을 떠올려 보는 건 어떨까요?

진단 키트 속 화학반응의 정체

그렇다면 진단 키트로 어떻게 감염 여부를 알아낼 수 있을까요?
그 비밀은 '항원-항체 반응'이라는 과학 원리를 이용한 진단 기
술에 있어요.

우리 몸은 바이러스처럼 낯선 침입자를 만나면 그에 맞는 '항
체'를 만들어요. 항체는 바이러스만 콕 집어 알아보는 경찰견 같
은 존재죠. 바이러스는 우리 몸속에 몰래 들어오지만, 겉에 '항
원'이라는 고유한 표식을 달고 있거든요. 이 항원은 보통 바이러
스 표면에 있는 단백질이나 당단백질이에요. 항체는 항원을 정
확히 기억하고 있다가, 다시 나타나면 즉시 반응해 단단히 결합
합니다. 진단 키트는 바로 항원과 항체가 만나 붙는 반응을 포착
하는 장치예요.

진단 키트를 이용해 독감을 검사할 때 코안 깊숙이 면봉을 넣

는 이유도 여기에 있어요. 바이러스의 항원은 코점막 깊은 곳에 더 많이 존재하기 때문에, 겉만 살짝 문지르면 중요한 단서를 놓칠 수 있거든요. 마치 범죄 현장에서 지문을 제대로 채취하지 못한 채 수사하는 셈이죠. 불편하긴 해도 정확한 결과를 얻기 위해 꼭 필요한 과정이랍니다.

항원-항체 반응은 1900년대 초, 오스트리아의 과학자 카를 란트슈타이너의 발견을 계기로 본격적으로 연구되기 시작했어요. 그는 사람의 혈액을 섞었을 때 어떤 조합에서는 피가 뭉치는 현상을 관찰했고, 그 원인이 적혈구 표면의 항원과 혈장 속 항체 때문이라는 것을 밝혀냈죠. 이 발견으로 A형, B형, AB형, O형으로 나뉘는 ABO 혈액형 분류 체계가 만들어지면서 안전한 수혈이 가능해졌어요.

이처럼 항원-항체 반응에 대한 이해는 진단 의학의 출발점이 되었고, 오늘날 우리가 사용하는 감염병 진단 기술의 핵심 원리로 이어지고 있어요.

색으로 말하는 과학

그런데 곰곰 생각해 보면 좀 신기하지 않나요? 감기랑 독감은

독감 진단 키트

증상이 비슷한데, 진단 키트는 어떻게 이 둘을 정확하게 구분할까요? 또 코로나19 진단 키트와 독감 진단 키트는 왜 각각 따로 존재할까요?

이 작은 키트 안에 '과학 실험실'이 숨어 있기 때문이에요. 진단 키트를 자세히 들여다보면, 플라스틱 틀 속에 작고 얇은 종이처럼 생긴 부분이 있어요. 이 부분이 실험이 진행되는 무대랍니다.

면봉으로 콧속에서 표본을 채취해 동봉된 액체에 넣고 키트에 안내된 구멍에 떨어뜨리면, 액체는 키트 안쪽으로 스며들며 이동하기 시작해요. 이때 액체는 키트 내부에 들어 있는, 항체가 포함된 시약과 만나죠.

여기서 중요한 점은, 항체는 아무 바이러스에나 반응하지 않는다는 거예요. 바이러스마다 겉면의 항원 구조가 다르기 때문에, 항체도 그에 꼭 맞춰 설계돼야 해요. 마치 자물쇠에 딱 맞는 열쇠처럼요. 예를 들어, 독감 진단 키트는 독감 바이러스의 항원에만 반응하고, 코로나19 진단 키트는 코로나 바이러스의 항원에만 반응하도록 만들어졌어요. 각각의 전염병을 정확히 알아낼 수 있도록 진단 키트도 감기, 독감, 코로나19 등 각 바이러스에 맞게 제작된답니다.

진단 키트에서 이 항원-항체 반응은 우리 눈에 보이도록 특별하게 설계되었어요. 과학자들이 진단 키트 속 항체에 색소를 붙여 두었거든요. 그래서 표본 속에 특정 바이러스의 항원이 있다면, 진단 키트 속 항체가 그것과 결합하면서 색깔이 나타나고, 우리는 키트에 뜨는 한 줄(음성) 또는 두 줄(양성)로 결과를 확인할 수 있죠.

이 과정을 '면역크로마토그래피'라고 해요. '면역'은 항원-항체 반응을, '크로마토그래피'는 이 반응을 색깔 변화로 구분하는 방법을 뜻합니다.

이처럼 진단 키트 안을 들여다보면 바이러스를 정확하게 포착하는 정교한 과학 원리와 기술이 숨어 있어요. 덕분에 우리는 병원에 가지 않고도 감염 여부를 확인할 수 있죠. 물론 병원에서 하는 정밀 검사보다 정확도가 다소 떨어질 수 있지만, 빠르고 간편하게 바이러스를 확인할 수 있다는 점에서 큰 장점이 있는 도구랍니다.

PCR 검사와 진단 키트, 어떻게 다를까?

항원-항체 반응을 이용해 감염 여부를 빠르게 알려 주는 진단 키트와 병원에서 시행하는 PCR 검사는 어떻게 다를까요? 진단

독감 진단 키트

어서 색을 칠하라고
물감 여기 있어요!

키트로 쉽게 확인할 수 있는데, 왜 병원에서는 PCR 검사를 권할까요? 이 둘은 겉으로는 비슷해 보여도 검사 방식과 정확도, 사용하는 기술이 달라요.

먼저, PCR 검사는 훨씬 정밀한 과학기술이 투입된 검사예요. 이름만 보면 어렵게 느껴지지만, 원리는 간단해요. 바이러스의 유전물질(DNA 또는 RNA)을 복제해서 찾아내는 방식이거든요. 마치 복사기를 돌리듯 유전물질을 반복적으로 증폭시켜, 아주 미세한 양이라도 놓치지 않죠. 따라서 감염 초기, 바이러스가 몸속에 거의 없을 때도 감염 여부를 잡아낼 수 있어요.

하지만 PCR 검사를 어디서나 쉽게 할 수 있는 건 아니에요. 특수한 장비와 환경이 필요하고, 유전물질을 증폭시키기 위해 고온과 저온을 반복하는 과정도 거쳐야 하죠. 결과가 나오기까지 몇 시간이 걸려서 병원이나 전문 검사기관에서만 받을 수 있어요.

반면, 우리가 약국에서 살 수 있는 진단 키트는 전혀 다른 방식으로 감염 여부를 파악해요. PCR이 바이러스의 '유전물질'이라는 구체적인 내용을 직접 읽어 내는 고성능 탐지기라면, 진단 키트는 책 표지처럼 겉모습만 보고 판단하는 간편한 탐지기예요. 10~15분 정도면 결과를 확인할 수 있고, 누구나 쉽게 사용할 수 있다는 장점이 있죠. 하지만 감염 초기처럼 바이러스의 양

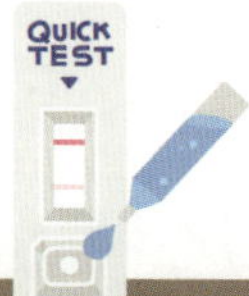

독감 진단 키트

이 적을 경우, 항원이 충분히 포착되지 않아서 음성으로 나올 가능성이 있답니다.

진단 키트에서 양성이 나왔더라도 감염 여부를 더 정확히 확인하기 위해 PCR 검사를 추가로 진행하기도 해요. PCR은 시간이 좀 더 걸리긴 해도, 깊숙이 숨은 바이러스까지 거의 확실하게 찾아내니까요.

요약하자면, 진단 키트는 빠르고 편리하지만 정확도가 다소 낮을 수 있고, PCR 검사는 시간이 걸리지만 매우 정밀하고 신뢰할 수 있어요. 각각의 장단점을 고려해 상황에 맞게 사용하면 된답니다.

진단 키트로 여는 미래 진단 의학

지금처럼 진단 키트 하나로 감염 여부를 확인하는 것은 몇십 년 전만 해도 상상도 못했습니다. 이 작은 키트가 이제는 훨씬 더 똑똑해지고 있다는 사실, 알고 있나요?

진단 키트는 점점 더 '멀티 플레이어'가 되고 있어요. 보통 약국이나 편의점에서 구매하는 진단 키트는 하나의 바이러스만 알아내는 게 일반적이에요. 하지만 한 번의 검사로 A형 독감, B

형 독감, 코로나19, 호흡기세포융합바이러스(RSV)까지 여러 바이러스를 동시에 진단할 수 있는 만능 진단 키트가 이미 등장했죠. 코로나19가 유행한 이후, 관련 연구가 활발해졌답니다.

전문가들은 앞으로 진단 키트가 여러 감염 질환을 한 번에 파악할 뿐 아니라, 비타민D와 철분 결핍, 심지어 암까지 진단할 수 있는 도구로 발전할 거라고 보고 있어요. 예를 들어, 미국의 한 연구팀이 개발한 커피 필터 모양의 진단 장치를 사용하면 대장암이나 전립선암의 증상을 1시간 이내에, 저렴한 비용으로 감지할 수 있다고 해요. 편리성과 정확성을 동시에 만족하는 기술들이 대중화되고 있는 거예요.

게다가 최근에는 스마트폰을 이용해 진단 키트를 분석하기 시작했어요. 앞으로는 진단 키트를 사용한 뒤 그 결과를 사진으로 찍기만 하면, AI가 자동으로 판독해 주는 기술이 널리 쓰일 거예요. 시력이 나쁘거나 두 줄이 뜬 게 맞는지 헷갈리는 사람도 스마트폰으로 쉽게 결과를 확인할 수 있겠죠. 혼자서 키트를 사용하기 어려운 사람들에게 기술이 도움을 주는 셈이에요.

진단 키트는 감염 여부는 물론, 어떤 바이러스인지, 얼마나 전염성이 강한지, 감염 정도는 어떤지까지 알 수 있도록 계속 발전하고 있어요. 그렇게 되면 이제 진단 키트가 아니라 우리 몸의 상태를 실시간으로 읽어 주는 일명 '스마트 건강 리더기'라고 불

독감 진단 키트

러야 할 거예요.

참고로 기존 진단 키트와는 방식이 조금 다르지만, '나노포어' 같은 유전자 분석 기술도 빠르고 정확한 진단을 가능하게 해 줄 차세대 기술로 주목받고 있어요. 이 기술은 바이러스의 유전물질을 PCR처럼 복제하지 않고, 실시간으로 직접 읽어 감염 여부를 빠르게 확인할 수 있기 때문이죠.

앞으로 이런 고도화된 기술이 더 작고 간편한 형태로 발전하겠죠? 작은 키트에 담긴 커다란 과학. 우리 건강을 지키는 미래 의학의 열쇠가 될지도 몰라요.

6. 항생제

미생물로
세균을 울리치다

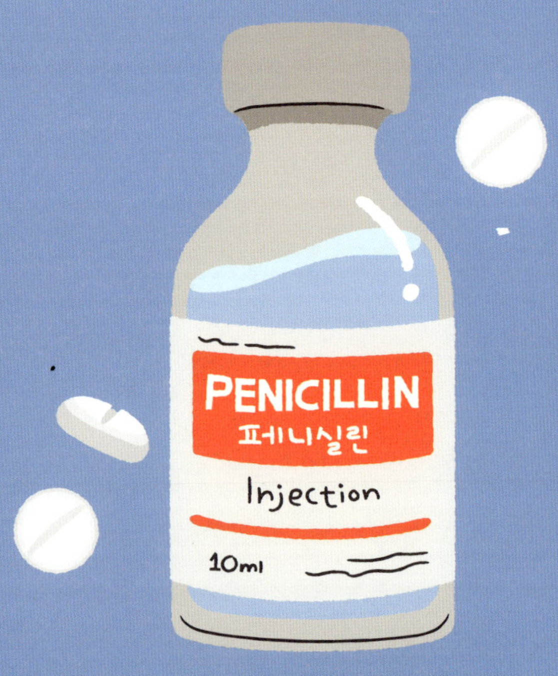

　'좀비개미곰팡이'라고 불리는 오피오코디셉스를 알고 있나요? 이 곰팡이는 개미의 몸을 조종해서 포자가 퍼지기 좋은 위치까지 이동한 다음, 점점 자라나 결국 개미를 죽게 만들죠.

　이를 막기 위해 개미 몸속에 있던 세균들이 활동을 시작해요. 세균들은 곰팡이의 성장을 억제하는 특별한 물질을 만들어내죠. 이 물질은 우리가 오늘날 '항생제'라고 부르는 약과 비슷한 방식으로 작용한답니다.

　항생제는 원래 이렇게 미생물들끼리 서로를 공격하기 위해 만들어 낸 천연 물질을 뜻했어요. 인류가 처음 항생제를 발견할 수 있었던 건 자연 속에서 미생물 간의 전쟁을 관찰한 덕분이었죠. 미생물이 서로를 견제하며 만들어 낸 무기에서, 우리는 생명을 구할 치료제를 얻었답니다.

자연이 만든 무기, 항생제의 탄생

곰팡이랑 세균이 서로 싸운다는 말은 좀 생소하게 느껴질지도 몰라요. 하지만 미생물들은 자연 속에서 살아남기 위해 화학물질을 주고받으며 경쟁하고 있어요.

1928년, 과학자 알렉산더 플레밍은 실험 중 우연히 곰팡이가 주변의 세균을 녹이며 자라나는 것을 발견했어요. 그 곰팡이에서 나온 물질이 바로 세계 최초의 항생제, 페니실린이었죠. 이 발견 덕분에 사람들은 폐렴과 패혈증 같은 병을 치료할 수 있게 됐어요.

하지만 이건 사람이 항생제를 처음 알아챈 순간일 뿐이에요. 자연 속에서는 훨씬 오래전부터 세균, 곰팡이, 식물 들까지도 서로를 공격하거나 막기 위해 항생물질을 만들어 왔어요. 이 생존 경쟁이 오늘날 항생제의 기원이 됐죠.

예전부터 사람들도 직감적으로 이러한 자연의 무기를 사용해 왔어요. 예를 들어, 고대 이집트에서는 상처에 꿀을 발라 감염을 막았고, 마늘도 질병을 예방하는 데 종종 쓰였죠. 당시엔 정확한 원리를 모른 채 경험에 의존해 사용했지만, 지금은 과학적 근거가 뒷받침되고 있어요. 꿀 속에는 세균을 죽이는 과산화수소가 들어 있고, 특유의 끈적한 성질도 세균이 자라지 못하게 하거든

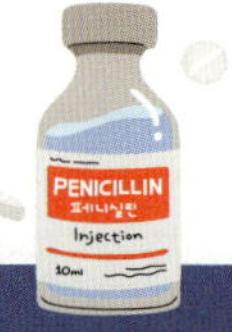

항생제 "

요. 또 마늘에는 알리신이라는 물질이 들어 있어 세균 성장을 억제하죠.

그렇다면 마늘을 많이 먹으면 정말 병에 안 걸릴까요? 실제로 꿀이나 마늘은 감기 예방이나 상처 치료에 어느 정도 도움이 돼요. 하지만 이런 천연 물질이 우리 몸에서 항생제만큼 강력하고 정확하게 작용하는 건 아니에요. 병원에서 쓰는 항생제는 자연에서 얻은 원리를 바탕으로, 정제를 거쳐 훨씬 더 강력하게 만든 약이거든요.

예를 들어, 꿀차를 마시는 건 감기 초기에 도움이 될 수 있지만, 폐렴이나 중이염 같은 심각한 세균 감염에는 반드시 의사의 처방을 받은 항생제가 필요해요. 마늘 즙을 귀에 넣는 등의 민간요법은 오히려 감염을 악화시킬 수 있어 위험하죠.

이처럼 과학은 자연에서 찾아낸 천연 물질을 이용해, 생명을 지키는 항생제로 발전시켜왔어요. 또한 바닷속 미생물, 열대우림의 곰팡이, 개미 몸속 세균까지 조사하며 새로운 항생제를 찾고 있어요.

세균은 죽는데 왜 사람은 멀쩡할까?

가만 생각해 보면 의문스럽지 않나요? 항생제를 사용하면 세균은 죽는데, 그걸 먹는 우리는 멀쩡하잖아요. 어떻게 이런 일이 가능할까요?

그 비밀은 바로 세균과 우리 몸 세포 구조의 차이에 있어요. 항생제는 아무거나 무작정 공격하는 게 아니라, 세균만 정확히 겨냥해서 작용하도록 설계되었어요. 예를 들어, 페니실린은 세균의 세포벽을 공격해요. 그런데 인간의 세포에는 애초에 세포벽이 없어서, 페니실린의 공격 대상이 되지 않죠. 그래서 페니실린이 몸속에 들어와도 우리 세포는 영향을 받지 않는 거예요.

또 어떤 항생제는 세균이 단백질을 만드는 '리보솜'이라는 공장의 작동을 방해해요. 리보솜의 구조는 세균과 인간 세포에서 각각 달라서, 항생제가 세균에만 작용하고 인간의 세포는 그대로인 거예요. 마치 열쇠가 꼭 맞아야 문이 열리듯, 항생제도 세균에만 딱 맞게 작용하죠.

그렇다고 해서 항생제가 항상 완벽한 건 아니에요. 우리 몸에는 나쁜 세균만 있는 게 아니라, 소화를 돕고 건강을 지켜 주는 '유익균'도 함께 살고 있거든요. 장 속이나 피부에 사는 유익균들은 나쁜 세균이 자리를 차지하지 못하게 막는 든든한 이웃과

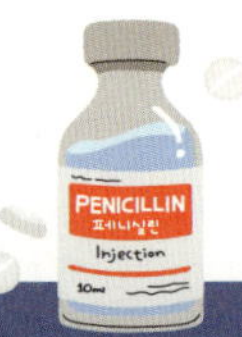

<hr>

항생제

세포네
왜 안 열리지?
항복
세균네
열렸다!

도 같아요. 그런데 항생제는 이 유익균과 나쁜 세균을 구분하지 못하고 전부 공격할 수 있어요. 그래서 항생제를 오래 먹거나 자주 쓰면 장내 미생물 균형이 깨지고, 설사나 면역력 저하 같은 부작용이 나타나기도 해요.

이럴 때 도움이 되는 게 '프로바이오틱스'예요. 프로바이오틱스는 살아 있는 유익한 미생물로, 우리 몸에 좋은 영향을 미쳐요. 항생제로 인해 줄어든 유익균을 다시 보충해 주는 역할을 하거든요. 마치 전쟁이 끝난 뒤 망가진 도시를 복구하기 위해 새로운 주민들이 터를 잡는 것과 비슷하다고 할까요.

항생제는 자연에서 얻은 유용한 약이지만, 마구 사용하면 오히려 해로울 수 있어요. 꼭 필요할 때, 정확하게 사용하는 게 중요해요.

먹는 게 나을까, 바르는 게 나을까?

항생제라는 똑똑한 약이 제 기능을 발휘하려면 먼저 어떻게, 어디에 쓸지를 충분히 고려해야 해요. 같은 항생제라도 바르는 것과 먹는 것은 몸에서 작용하는 방식이 전혀 다르거든요. 그래서 피부 표면의 상처에는 연고를 바르고, 몸속 감염에는 약을 먹거

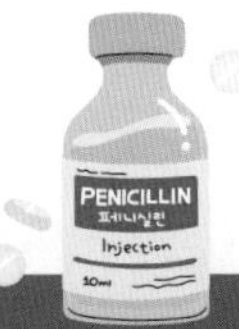

나 주사를 맞죠.

예를 들어, 상처 부위에 세균이 살고 있다면, 연고나 크림 형태의 바르는 항생제로 충분해요. 약이 직접 상처 부위에 닿으니까요. 이걸 국소작용이라고 해요. 마치 벽에 곰팡이가 생겼을 때, 곰팡이 제거제를 그 자리에 직접 뿌리는 것과 같죠.

반면 바르는 항생제 연고는 피부감염이나 상처 부위에만 쓰이기 때문에, 목 안쪽이나 폐처럼 몸속 깊숙한 곳에서 일어난 세균 감염에는 효과가 없어요. 그러므로 중이염, 폐렴, 방광염처럼 체내에서 세균이 문제를 일으킨다면, 항생제 주사나 먹는 항생제처럼 전신 작용을 하는 방식이 필요하죠. 이런 약은 위장에서 흡수되거나 근육에 주사된 뒤, 혈액을 통해 감염 부위로 이동하거든요.

이처럼 항생제마다 전략이 달라서, 아프다고 무조건 약을 바르거나 아무 약이나 먹으면 오히려 부작용이 생길 수 있어요. 그래서 병원에서는 감염 부위가 어디인지, 얼마나 심한지를 먼저 확인하고, 그에 맞는 항생제와 복용 방법을 처방해요. 눈에 보이지 않는 세균과 싸우는 일이니만큼 적절한 약을 적절한 위치에 사용해야 싸움에서 이길 수 있겠죠.

항생제

약을 먹었는데도 잘 낫지 않을 때가 있어요. "예전에 썼던 항생제가 이번엔 잘 안 듣네요"라는 말을 들으면 궁금증이 솟아나죠. '똑같은 약인데 왜 효과가 없을까?', '혹시 몸이 그 약에 익숙해진 걸까?'

진짜 이유는 따로 있어요. 몸이 아니라 세균이 달라졌기 때문이에요. 사실 감기처럼 바이러스 때문에 생긴 병은 항생제로 낫지 않아요. 하지만 감기에 걸려서 면역력이 약해지면, 그 틈을 타 세균이 침입할 수 있어요. 그럴 땐 항생제가 필요하죠. 항생제는 우리 몸속에 들어온 세균을 없애는 무기니까요. 그런데 세균도 가만히 당하고만 있진 않아요. 살아남기 위해 점점 더 강해지죠.

항생제를 쓰다 보면, 그 약에 약간의 저항력을 가진 세균이 우연히 살아남을 수 있어요. 똑똑한 세균이 진화해서가 아니라, 운 좋게 특정 약에 강한 성질을 가진 세균이 살아남는 거예요. 나중에 같은 세균이 다시 우리 몸에 침입해 퍼지면, 예전에 쓰던 약은 더 이상 듣지 않아요. 이렇게 항생제에 강한 성질을 가진 세균을 '내성균'이라고 불러요.

과학자들은 강해진 세균을 잡기 위해, 1세대부터 2세대, 3세

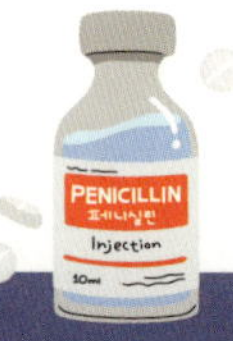

항생제

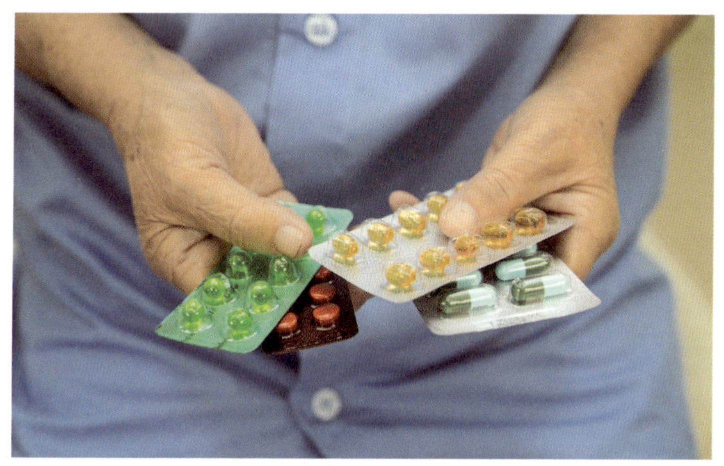

진화하는 내성균에 맞서기 위해
점점 더 강력한 항생제가 개발되고 있다.

대에 이르는 점점 더 강력한 항생제를 개발해 왔어요. 한마디로 무기 강화 경쟁이라고 할 수 있어요.. 세균이 방패를 만들면 인간은 더 강한 창을 만들고, 또다시 세균은 튼튼한 갑옷을 만들죠. 마치 게임에서 단계가 높아질수록 강한 적이 등장하듯, 서로 무기를 강화하며 끝없는 싸움을 이어 가는 거예요.

세균의 진화 속도는 빠르기 때문에 세대를 거듭하며 계속해서 항생제를 개발해야 해요. 특히 병원처럼 다양한 항생제가 쓰이는 환경에서는 '슈퍼박테리아'라고 불리는 매우 끈질긴 내성균이 등장하기도 하죠. 이런 세균은 치료가 거의 되지 않아서 생명을 위협할 수 있어요.

항생제는 함부로 쓰면 효과도 없고, 오히려 내성균이라는 부작용만 남기게 돼요. 그래서 처방받은 항생제는 반드시 끝까지 복용해야 하죠. 좀 나아진 것 같다고 마음대로 멈춰 버리면, 몸 속에 남은 세균이 다시 퍼지면서 더 강해질 수 있답니다. 중간에 복용을 멈추는 건 싸움이 끝나기도 전에 무기를 내려놓는 것과도 같아요. 오히려 적을 키워 주는 셈이죠.

항생제는 분명 우리 몸을 지켜 주는 훌륭한 도구예요. 하지만 이 무기를 어떻게 쓰느냐에 따라 우리 편이 될 수도 있고, 반대로 적을 키우는 도구가 될 수도 있어요. 과학자와 의사 그리고 약을 사용하는 우리 모두가 항생제를 알맞게 사용하는 일에 동참해야 하는 이유죠.

항생제를 먹게 된다면 꼭 기억해 주세요. 약이 안 듣는 건 몸이 더 강해졌다는 뜻이 아니라, 세균이 더 영리해졌다는 신호라는 것을요.

인류를 위한 적자, 항생제 개발의 이유

기존의 항생제로 처치할 수 없는 슈퍼박테리아가 점점 늘어나

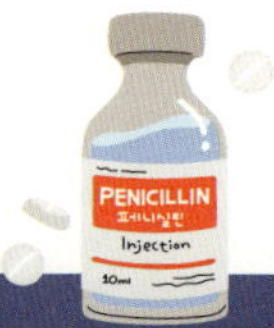

고 있어요. 그러다 보면 작은 상처나 요로 감염 같은 평범한 병도 치료하기 어려운 위험한 질병이 될 수 있어요. 제왕절개나 인공관절 수술도 감염의 위험 때문에 선뜻 못 하는 날이 올지도 몰라요.

과학자들은 이런 상황을 '항생제 이후의 시대(Post-Antibiotic Era)'라고 불러요. 미래에 아무리 의료 기술이 발전해도 감염을 막지 못하면 모든 게 무너질 수 있다는 것을 암시하는 표현이죠.

그럼 새로운 항생제를 만들면 되는 거 아니냐고요? 그 말도 일리는 있어요. 하지만 현실은 그렇게 간단하지 않아요. 새로운 항생제를 개발하는 데는 막대한 시간과 비용이 들어가거든요. 보통 1조 원 이상의 큰돈이 투입되고, 어렵게 개발하더라도 연간 수익은 개발비의 10%도 안 되는 경우가 많아요.

왜 이런 일이 생길까요? 최근 의료진들이 항생제를 꼭 필요할 때만 신중히 써야 한다는 원칙을 따르고 있기 때문이에요. 항생제를 많이 쓰면 쓸수록 세균이 내성을 갖기 쉬워진다는 사실을 알고 있으니까요.

그래서 제약 회사 입장에서 보면 항생제는 만들기도 어렵고, 많이 팔 수도 없는, 수익성이 낮은 약이에요. 실제로 이런 매출 구조 때문에, 항생제를 개발하고도 경제적인 이유로 문을 닫은 작은 제약 회사들도 있었어요.

이 문제를 해결하기 위해 미국에서는 '파스퇴르 법안(PASTEUR Act)'을 준비하고 있어요. 이 법안에 따르면 한 제약 회사가 새로운 항생제를 개발해 식품의약국(FDA)의 승인을 받으면, 정부는 판매와 무관하게 미리 제약 회사에 일정 금액을 지불하고 물량을 계약해 둬야 해요. 그러면 제약 회사는 초기에 약이 많이 팔리지 않더라도 안정적으로 수익을 확보할 수 있겠죠. 제약 회사는 돈 걱정 없이 연구를 계속할 수 있어 좋고, 사회적으로도 언젠가 등장할 강력한 감염병에 대비할 수 있으니 공익적이에요. 더 좋은 항생제를 개발하는 것만큼, 안심하고 연구에 몰두할 수 있는 환경을 마련하는 것도 중요한 일이죠.

최근에는 AI 기술이 항생제 개발에 큰 도움을 주고 있어요. 예를 들어, '아바우신'이라는 항생제 후보 물질의 발견은 AI가 기여한 사례 중 하나예요. 2023년, MIT와 캐나다 맥마스터 대학 연구팀은 딥러닝 모델을 활용해 수천 개의 화합물을 분석했는데, 그중 다양한 항생제에 내성을 가진 특정 다제내성균에 효과적인 물질을 발견했어요. AI는 이렇게 방대한 후보 물질 중에서 가능성 있는 항생제 후보를 훨씬 빠르게 골라낼 수 있어서, 신약 개발에 중요한 도구로 많은 기대를 받고 있어요.

이제 항생제를 언제, 어떻게, 얼마나 현명하게 사용할지까지 고민해야 하는 시대예요. 항생제는 치료제를 넘어 모두가 함께

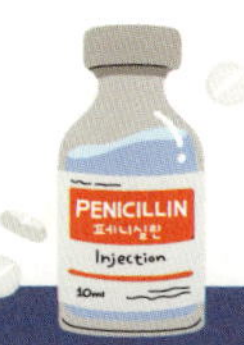

항생제

지켜야 할 '공공의 약'이랍니다. 정확한 진단과 처방 없이는 함부로 약을 먹지 않는 것, 처방받은 항생제를 끝까지 먹는 것, 이런 작은 실천이야말로 항생제를 지키는 일임을 기억해 주세요.

따끔하지만 정확하게,
감염을 막는 무기

피부에 상처가 나면 바르는 빨간 액체, 바로 소독약이에요. 지금은 상처는 물론 외과 수술을 할 때도 소독약을 사용하는 것이 일반적이지만 옛날에는 그렇지 않았어요.

특히 수술 중 비위생적인 환경과 도구의 사용으로 발생하는 환자의 감염은 큰 문제였어요. 당시에는 세균이 감염의 원인이라는 것을 몰랐기 때문에 제대로 대응할 수 없었고, 수술을 받고도 안타깝게 사망하는 환자가 상당히 많았죠.

그렇다면 언제부터 병원과 일상에서 소독약을 사용하게 되었을까요? 또 소독약과 항생제 모두 세균을 죽이는 약이라면 그 차이는 무엇일까요? 소독약을 둘러싼 각종 궁금증을 지금 바로 알아봅시다.

상처가 나면 바르는 소독약은 언제부터 어떻게 과학적으로 발전했을까요? 그 중심에는 19세기 영국의 외과 의사 조지프 리스터가 있어요. 그는 1800년대 중반, 프랑스의 과학자 루이 파스퇴르가 제안한 '세균설'에 큰 영향을 받았어요. 질병은 눈에 보이지 않는 세균 때문에 발생한다는 이론이었죠. 조지프 리스터는 수술 중에 생기는 감염도 세균 때문이라 생각했고, 그 가설을 직접 검증해 보기로 했죠.

그는 수술 도중에, 그리고 수술이 끝난 뒤 환자의 상처에 '카르볼산'을 뿌렸어요. 수술 도구도 모두 이 물질로 닦았고요. 카르볼산은 지금 우리가 '페놀'이라고 부르는 물질의 예전 이름이에요. 처음엔 다들 그를 이상하게 생각했지만 결과는 정말 놀라웠어요.

그의 병원에서는 수술 후 감염으로 사망하는 환자가 급격히 줄었고, 이 소식은 유럽 전역으로 퍼졌죠. 사람들은 '세균은 눈에 안 보여도 실제로 존재하고, 그걸 죽이면 사람을 살릴 수 있다'고 믿게 되었어요. 이후 소독약은 단순한 민간요법이 아니라 과학적으로 증명된 치료제로 자리를 잡았어요.

흥미롭게도 우리가 잘 아는 가글 '리스테린(Listerine)'은 조지프

소독약

리스터의 이름을 따서 만든 제품이에요. 원래는 입 냄새를 없애는 구강 청결제가 아니라, 상처를 소독하기 위해 개발된 약이었죠. 초기 리스테린에는 실제로 페놀 계열의 소독 성분이 포함되었지만, 지금은 그 대신 티몰, 유칼립톨 같은 항균 성분을 사용해요. 페놀 계열 성분은 독성이 강하고 피부에 해로워서 안전하고 효과적인 성분으로 대체된 거예요.

우리가 지금 흔히 사용하는 소독약은 한 과학자의 용기 있는 의문과 실험에서 시작된 결과랍니다. 따끔한 그 한 방울에는 과학의 힘이 담겨 있어요.

빨간 약, 갈색 약, 투명한 약

조지프 리스터의 실험 이후, 오늘날 우리가 사용하는 소독약은 어떻게 달라졌을까요? 약국에 가면 빨간 약, 갈색 약, 투명한 약처럼 다양한 색과 성분의 소독약을 볼 수 있어요. 겉보기엔 다 비슷해 보여도, 각각의 작용 방식과 쓰임새가 전혀 다르답니다.

요즘 많이 쓰는 소독약 중 하나는 '빨간 약'이라 불리는 포비돈-아이오딘이에요. 과거에 쓰이던 '아이오딘 팅크'에서 자극성과 독성을 줄인 제형이죠. 그래서 예전 아이오딘 팅크의 '빨간 약'이라는 별명도 자연스럽게 포비돈-아이오딘이 이어받게 되었어요.

아이오딘은 세균은 물론 바이러스, 곰팡이까지 넓은 범위의 병원체를 없애는 데 효과적이에요. 미생물 안의 단백질을 산화시켜서 그 기능을 망가뜨리거든요. 단백질은 생명체 안에서 모든 일을 해내는 일꾼이라, 세포가 움직이고 에너지를 내고 복제하는 데 꼭 필요해요. 단백질이 작동을 멈추면 세균은 제대로 움직이지도, 번식하지도 못하죠. 그래서 염증이 생긴 상처나 수술 부위를 소독할 때 자주 쓰여요.

단, 색이 진해서 옷에 묻으면 지우기 어렵고, 피부가 민감한 사람에겐 알레르기를 일으킬 수도 있어서 주의가 필요해요.

또 하나 익숙한 소독약은, 거품이 보글보글 올라오는 '갈색약', 과산화수소예요. 상처난 세포 속의 카탈레이스라는 효소와 만나면서 산소 거품을 만들죠. 그 과정에서 세균을 산화시켜 죽이고, 동시에 상처 속 이물질을 밀어내는 작용을 해요. 초기 상처 세척용으로는 유용하지만, 피부 자극이 나타날 수 있어서 처음 한두 번만 사용하는 게 좋아요.

참고로 과산화수소 자체는 무색투명한 액체지만, 빛을 차단해 주는 갈색 병에 보관해요. 빛을 받으면 물과 산소로 쉽게 분해되어 약효가 줄거나 아예 없어질 수 있거든요. 자외선을 차단

소독약

해 주는 갈색 병에 보관하기 때문에 자연스럽게 '갈색 약'이라는 별명으로 불리죠.

다음은 투명한 소독약, 알코올이에요. 알코올은 세균의 세포 막을 구성하는 지질을 용해시켜 막 구조를 무너뜨려요. 세균에게 세포막은 자신을 보호하는 방패 같은 존재라서 이것 없이는 살 수 없어요. 또 쉽게 증발하기 때문에 주사 부위나 손 소독처럼 빠른 소독에 적합해요.

하지만 피부에 직접 바르면 자극적이고, 회복 중인 상처엔 오히려 방해가 될 수 있어요. 특히 화상, 눈 주위, 점막처럼 민감한 부위에는 절대 쓰면 안 돼요.

이처럼 소독약은 모두 같은 역할을 하는 것처럼 보여도, 성분과 작용 방식, 사용하는 상황이 모두 달라요. 상처를 제대로 관리하려면 소독약을 무조건 많이 바르는 것보다, 내 피부 상태와 상처의 종류에 맞게 고르는 것이 훨씬 중요하죠. 우리 몸을 지키는 첫걸음은 이런 선택에서 시작돼요.

소독약은 밖에서, 항생제는 안에서

소독약마다 성분도 작용 방식도 다르지만, 공통점이 하나 있어요. 모두 상처를 통해 들어올 수 있는 세균 같은 녀석들을 막기 위해 쓰인다는 거예요. 그런데 여기서 궁금한 점이 있어요. 소독약과 항생제는 둘 다 세균을 죽인다고 하는데, 도대체 뭐가 다른 걸까요?

세균은 크기가 수 마이크로미터(㎛)밖에 안 되는 아주 작은 생물이에요. 또한 세포막이나 세포벽, 단백질 같은 기본적인 구조만 갖고 있어요. 소독약은 이 단순한 구조 중 하나를 노려서 공격해요.

하지만 소독약이 노리는 건 세균만이 아니에요. 바이러스, 곰팡이, 심지어 일부 기생충의 알이나 포자처럼 질병을 일으킬 수 있는 다양한 미생물도 소독의 대상이에요. 이런 해로운 미생물 전체를 가리켜 '병원체'라고 부르죠.

그렇다면 항생제와는 어떤 차이점이 있을까요? 항생제도 세균을 죽인다는 점에서는 비슷하지만, 주로 몸속 깊은 곳에서 감염을 치료하기 위해 먹거나 주사로 투여되는 경우가 많아요. 반면, 소독약은 피부 표면에 직접 작용하는 약이에요.

물론 항생제도 피부에 바르는 연고 형태로 사용될 수 있지만, 소독약과는 작용 방식이나 살균 범위가 달라요. 항생제는 특정 세균만 선택적으로 죽이는 경우가 많고, 소독약은 세균뿐 아니라 바이러스, 곰팡이 등 다양한 병원체를 한꺼번에 제거하는 경

소독약

우가 많죠. 그래서 성격도, 쓰임새도 전혀 달라요.

하지만 소독약으로 감염을 완벽하게 막을 수 있는 건 아니에요. 소독약은 바른 순간에만 효과가 있고, 그 이후에도 세균이나 병원체가 다시 들어올 수 있거든요. 또 이미 몸속 깊이 들어간 병원체에는 소독약이 닿지 않죠. 그래서 소독은 완벽한 방패가 아니라, 초기 방어선 역할을 한다고 보면 돼요. 상처를 깨끗하게 하고, 병원체가 더 들어오지 못하게 막아 주죠.

세균이 죽어서 따가운 게 아니라고?

소독약은 병원체를 막기 위한 첫 번째 방어선이지만, 막상 바를 때는 따가움을 느낄 거예요. 많은 사람이 이 느낌을 두고 세균이 죽기 때문이라고 생각하죠.

그런데 따가운 이유는 세균이 아니라 우리 몸의 세포 때문이랍니다. 상처가 나면 피부가 손상되고, 그 아래에 있는 신경세포들이 외부 자극에 더 민감해져요. 이때 아이오딘, 과산화수소, 알코올 같은 소독약이 닿으면 피부의 신경 말단이 자극돼 따끔한 거예요.

특히 휘발성이 높은 알코올은 피부를 순간적으로 식히면서 차갑고 따가운 감각을 유발해요. 이 자극이 피부로부터 뇌에 전달되면, 뇌는 이를 통증으로 인식해요.

그런데 따가운 이유는 이게 다가 아니에요. 소독약이 세균만 골라서 공격하지는 않기 때문이에요. 세균의 세포막이나 단백질을 파괴하는 소독약의 성분은, 비슷한 구조를 가진 우리 몸의 세포에도 영향을 줄 수 있어요. 그래서 소독약을 너무 자주 바르면 오히려 상처가 더 늦게 낫기도 하죠.

예를 들어, 과산화수소가 상처에 닿으면 산소 거품이 보글보글 올라와요. 이 반응은 세균을 죽이고 이물질을 밀어내는 데 도움이 되지만, 그만큼 주변의 건강한 세포까지 공격할 수 있어서 처음 상처를 씻어 낼 때만 쓰는 게 좋아요.

소독약이 따갑다고 무조건 효과가 좋은 건 아니에요. 오히려 우리 몸이 반응하고 있다고 신호를 보내는 것일 수 있으니까요. 그래서 소독약은 많이 바르는 것보다 상처의 크기나 부위, 피부 상태에 따라 적절히 쓰는 게 더 중요해요. 피부가 여리거나 눈, 입 같은 점막 부위엔 생리식염수나 자극이 적은 제품을 쓰는 것도 방법이죠.

소독약

외용소독제
요디돈
YODIDON
25ml

우리가 지금 쓰는 소독약은 대부분 수십 년 전부터 사용해 온 전통적인 방식이에요. 아이오딘, 과산화수소, 알코올 같은 성분은 지금도 약국에서 쉽게 볼 수 있죠. 하지만 과학은 꾸준히 발전하는 중이고, 소독약도 그 흐름 속에서 변화하고 있어요.

앞으로 소독약은 감염을 미리 감지하거나, 필요한 순간에만 작동하는 등 보다 영리한 방식으로 진화할 거예요. 과학자들이 세균과 정상 세포를 구별해 선택적으로 공격하는 지능형 항균 시스템을 개발하고 있거든요.

예를 들어, 세균이 내뿜는 특정 효소에만 반응해 해당 세균만 정밀하게 제거할 수 있는 기술이 연구되고 있죠. 이렇게 되면 건강한 세포는 건드리지 않고 감염만 막을 수 있어요. 이 기술을 '자극 반응형 약물 전달'이라고 부르며, 현재 실험이 활발하게 이루어지고 있어요.

항균 코팅 기술도 미래의 소독 방식 중 하나로 주목받고 있어요. 코로나19가 유행했던 때, 엘리베이터 버튼이나 문손잡이 등에 적용되기도 했죠. 구리, 은, 그래핀처럼 세균을 죽일 수 있는 물질을 표면에 얇게 코팅하면, 세균이 닿는 순간 살균 이온이 방출되거나 세포막이 손상돼 세균이 죽게 돼요. 그래핀은 특히 활

소독약

성산소를 만들어 세균을 산화시킬 수도 있어요.

이런 물질들은 세균처럼 구조가 단순한 세포에 더 강하게 작용하고, 소량으로 사용하면 사람에게는 비교적 안전하다고 알려져 있어요. 하지만 고농도에서는 자극이나 염증을 일으킬 수 있어서, 과학자들은 세균만 공격하면서도 인체에는 해롭지 않은 안전한 농도와 조건을 찾기 위한 연구를 계속하고 있어요. 앞으로 이 기술이 더 발전하면, 매번 소독제를 뿌리지 않아도 물건의 표면에 탑재된 소독 기능이 알아서 소독해 주는 시대가 오지 않을까요?

앞으로는 약통조차 필요 없는 소독 방식이 등장할 가능성도 있어요. 예를 들어, 상처에 붙이기만 해도 감염 여부를 감지하고, 필요할 때만 약을 내보내는 스마트 밴드형 항균 패치가 실험실에서 개발 중이에요. 센서와 약물 방출 기술이 결합된 이 패치는 약을 아끼고, 감염도 더 효과적으로 막을 수 있죠. 이제 머지않아 언제 약을 바를지 고민하지 않아도 될 거예요.

이처럼 소독약은 나노 기술, 센서가 융합된 과학 도구로 진화하고 있어요. 지금보다 훨씬 더 똑똑해질 미래의 소독약이 기대됩니다.

기생충,
우조건 해로울까?

학교에서 구충제를 나눠 주던 시절이 있었어요. 정기적으로 대변 검사를 하고, 전교생이 함께 구충제를 먹는 날도 있었죠.

왜 그랬냐고요? 그 시절엔 회충, 십이지장충 등 기생충에 감염된 사람이 많았거든요. 1970~1980년대만 해도 어린이 10명 중 6~7명이 기생충에 감염되었다는 조사 결과가 있어요. 맨발로 땅을 밟거나 씻지 않은 채소를 먹는 일이 흔했으니 기생충이 흙을 통해 몸속에 들어오는 경우가 많았죠.

단체로 구충제를 잘 복용한 덕분에 다행히 기생충 감염률은 크게 줄었어요. 지금도 감염 가능성이 높은 환경에서 생활하는 경우, 필요에 따라 구충제를 복용한답니다.

그렇다면 약국에서 쉽게 구할 수 있는 구충제에는 어떤 것이 있을까요? 구충제는 어떤 원리로 기생충을 없애는 걸까요?

기생충 연구에 헌신한 과학자들

기생충은 눈에 잘 보이지 않지만 주로 선충, 편충, 촌충 같은 다세포생물로, 사람 몸에 기생하며 영양분을 빼앗는 생물을 말해요. 장 속에 붙어 살기도 하고, 때론 피부를 뚫고 혈관이나 폐까지 이동하기도 해요. 피를 빨아먹거나 염증을 일으키는 기생충도 있죠. 그래서 기생충에 감염되면 배가 아프거나 체력이 떨어지고, 심한 경우엔 병까지 생길 수 있어요.

기생충의 정체를 밝혀내기 위해 자기 몸에 직접 기생충을 심은 과학자들도 있었어요. 진짜로요!

1879년, 이탈리아의 기생충학자 조반니 바티스타 그라시는 회충의 감염 경로를 밝히기 위해 시신의 장에서 채취한 회충의 알을 직접 삼키는 자가 실험을 했어요. 그때는 지금처럼 기생충을 실험실에서 배양하거나 보관하는 방법이 없었기 때문에, 실제로 성체 회충이 존재하는 시신에서 알을 얻는 것이 가장 확실한 방법이었거든요.

그리고 22일 뒤, 그는 자신의 대변에서 회충의 알을 확인했죠. 이를 통해 회충이 입을 통해 직접 감염된다는 사실을 스스로 입증했어요. 다소 무모해 보일 수 있지만, 이 실험은 회충의 생활사를 과학적으로 밝히는 데 중요한 전환점이 되었답니다.

구충제

2012년, 영국의 의학 곤충학자 제임스 로건은 자가 실험을 통해 '사람 구충'의 감염 경로와, 그것이 알레르기 반응에 미치는 영향을 직접 확인했어요. 그는 과학 프로그램에 출연해 유충이 담긴 거즈를 피부에 붙여 감염된 뒤, 그후 일어난 과정을 고화질 영상으로 기록했죠. 기생충은 피부를 뚫고 혈관과 폐를 지나 장까지 도달해 성충으로 자라며 장 점막을 손상시켰어요.

실험을 하는 동안 그는 복통과 가려움을 느꼈지만, 수년간 먹지 못했던 빵을 문제없이 먹을 수 있었고 알레르기 증상도 완화되었어요. 동시에 기생충 감염에 반응하는 백혈구의 일종인 호산구의 수치가 증가하는 등 면역 반응에도 변화가 나타났어요. 이는 기생충이 면역을 조절할 수 있다는 가설에 힘을 실어 주었죠. 60일 후 그는 알벤다졸을 복용해 기생충을 제거했답니다.

물론 아무나 자가 실험을 할 수는 없어요. 최근에는 생명 윤리와 안전 규정이 매우 엄격해졌거든요. 하지만 자신의 몸을 던져 실험한 과학자들의 호기심과 헌신, 그리고 용기 덕분에 우리는 기생충에 대해 더 깊이 이해하게 되었답니다.

기생충을 제압하는 구충제

기생충의 정체가 하나둘 밝혀졌다면, 이제 중요한 질문이 하나 남았어요. '그 기생충들을 우리 몸에서 어떻게 몰아낼 수 있을까?' 기생충을 죽이거나 쫓아내는 구충제의 도움이 필요하죠.

구충제는 사람까지 해치는 강력한 독을 퍼뜨리는 게 아니라, 기생충만 정확히 골라서 정밀하게 공격합니다. 놀랍게도 기생충의 종류에 따라 구충제가 작용하는 방식도 조금씩 달라요.

먼저, 기생충의 신경계를 마비시키는 약이 있어요. 피란텔과 레바미솔 같은 성분은 기생충의 신경 신호를 방해해서 근육을 제대로 움직이지 못하게 만들어요. 결국 기생충은 장에 붙어 있을 수 없게 되어 배설물과 함께 몸 밖으로 배출됩니다. 이런 약들은 효과가 빨라서 회충이나 구충처럼 흔한 장내 기생충을 치료하는 데 자주 쓰여요.

두 번째는 기생충을 굶겨 죽이는 약이에요. 알벤다졸이나 메벤다졸 같은 성분은 기생충 세포 안에서 포도당을 에너지로 바꾸는 과정, 즉 세포 내 에너지 대사를 방해해요. 기생충은 밥을 먹어도 그걸 에너지로 만들 수 없게 되니, 점점 힘을 잃고 굶어 죽어 가죠. 이런 약은 다양한 기생충에 두루 효과가 있어서 '광범위 구충제'라고도 불려요.

구충제

마지막으로, 기생충의 세포막을 공격하거나 대사를 방해해서 죽이는 약도 있어요. 이런 약은 주로 촌충, 간디스토마, 폐디스토마 같은 편형동물 기생충에 사용돼요. 예를 들어, 프라지콴텔은 기생충의 세포막을 파괴하거나 칼슘 이온 농도를 교란해서 신경과 근육을 마비시켜요. 니클로사마이드는 촌충의 에너지 생산과정을 차단해서 기생충을 사멸시키죠.

그런데 왜 이런 약들은 사람의 몸에 거의 해를 끼치지 않을까요? 기생충은 사람과 생물학적으로 꽤 달라요. 신경계 구조, 세포막 성분, 에너지 대사 방식 등에서 차이가 있기 때문에, 과학자들은 이런 차이를 정밀하게 분석해서 인체에 피해를 주지 않고 기생충만 제거하는 약을 만든답니다.

기생충은 단지 해롭기만 할까?

우리는 지금까지 '기생충을 없애는' 구충제에 대해 살펴봤어요. 그렇다면 기생충은 무조건 해롭기만 할까요? 사람 몸속에 들어와 영양분을 빼앗고, 장에 상처를 내고, 질병까지 유발하는 건 틀림없어요. 그런데 최근 과학자들은 기생충을 조금 다른 시선으로 보기 시작했어요. 기생충이 우리 몸의 면역 시스템과 아주 복잡한 관계를 맺고 있다는 사실이 하나둘 밝혀지고 있거든요.

예를 들어, 어떤 회충은 사람 몸속에서 오래 살아남기 위해 면역 반응을 은근히 억제하는 전략을 써요. 너무 강한 면역 공격을 받으면 금방 죽어 버리니까요. 그런데 이런 전략이 의외로 사람에게도 도움이 될 수 있대요.

실제로 한 연구에서는 기생충이 알레르기나 과민성 면역 반응을 완화하는 현상이 관찰됐어요. 영국의 면역학자 데이비드 프리처드는 사람 구충의 유충을 자신의 팔에 감염시키는 자가 실험을 진행했는데요. 이를 통해 기생충이 면역 세포의 작용을 조절해 염증 반응을 줄이는 데 관여할 수 있다는 가능성을 확인했어요. 그의 실험은 2006년에 발표되며 큰 주목을 받았죠

물론 그렇다고 해서 기생충이 무조건 좋은 건 아니지만, 연구들은 기생충이 꼭 해로운 존재만은 아니라는 새로운 시선을 열어 주고 있어요. 이는 '기생'과 '공생'이 상황에 따라 달라질 수 있다는 걸 잘 보여 주죠.

한편, 기생충을 다이어트 목적으로 일부러 몸에 넣는 위험한 시도도 있었어요. 기생충이 사람이 먹은 영양분을 대신 소비하면 살이 빠질 것이라는 잘못된 생각 때문이었죠. 실제로 20세기 초에는 회충 알이 포함된 '다이어트 캡슐'이 신문 광고에 등장한 적이 있었고, 최근에도 회충이나 촌충 알을 삼켜 자가 감염을 시

구충제

DIET
100% 성공

도한 사례들이 일부 보고된 바 있어요. 이런 시도는 매우 위험하고, 과학적으로도 전혀 근거가 없어요.

기생충은 체내에서 음식만 소비하는 게 아니라 장 점막을 손상시키고 염증을 일으켜요. 심하면 장폐색을 유발하거나 간, 폐 같은 장기로 퍼질 수도 있어요. 설사 체중이 줄더라도 그건 건강한 감량이 아니라 영양실조와 면역력 저하, 피로감 같은 부작용 때문이죠.

이렇게 기생충에 대해 정확히 이해하고, 비과학적인 방법으로 오용하지만 않는다면 기생충은 때로는 우리 몸의 반응을 조절하는 고마운 조력자일 수도 있답니다.

구충제는 옛날 약이라고 생각했다면

기생충이 반드시 해로운 존재는 아니지만, 그것이 몸속에 기생충을 그냥 두어도 된다는 뜻은 아니에요. 기생충은 여전히 사람 몸에서 문제를 일으킬 수 있기 때문에, 필요에 따라 지금도 구충제를 복용하죠. 생각보다 우리 주변에 기생충이 숨어 있을 가능성이 꽤 있거든요.

예를 들어, 반려동물을 키우거나 평소 흙을 자주 만진다면, 혹

구충제

은 해외여행을 자주 간다면 기생충에 노출될 가능성이 커요. 또 육회나 생선회처럼 익히지 않은 음식, 덜 익힌 고기를 자주 먹는 사람도 감염의 위험이 있어요.

그래서 의사들은 생활 습관에 따라 1년에 한두 번 정도 구충제 복용을 권장하기도 해요. 하지만 아무 때나 구충제를 먹어도 되는 건 아니에요. 약은 항상 필요할 때, 정확한 용량과 방법으로 써야 해요. 기생충도 진화하면서 약에 대한 내성을 가질 수 있거든요. 실제로 동물용 구충제는 내성 문제가 심각하다고 해요. 사람도 구충제를 너무 자주 복용하면 내성이 생길 수 있으니 주의가 필요해요.

그렇다면 왜 1년에 한두 번, 6개월 간격으로 먹으라고 할까요? 그건 기생충의 성장 및 번식 주기와 관련이 있어요. 약을 먹고 나서 몸속에 있는 기생충이 죽더라도 다시 감염될 가능성이 있기 때문에 정해진 주기를 두고 예방하는 것이 효과적이에요. 구충제를 복용한 뒤에는 죽은 기생충이 대변으로 배출되지만, 눈에 보이지 않을 때도 많으니 너무 걱정하지 마세요.

구충제 성분은 사람뿐 아니라 가축이나 반려동물에게도 사용되는데요. 사람이 먹는 일부 구충제는 동물용 구충제와 성분이 거의 같다고 해요. 그래서 반려동물에게도 정기적으로 구충제를 먹이면, 사람의 감염을 막는 데 도움이 된답니다.

　요즘처럼 위생이 좋아진 시대에도 기생충은 우리가 방심한 틈을 타서 여전히 살아남았어요. 그러니 자신의 생활환경과 식습관을 잘 살펴보고, 상황에 따라 잊지 말고 구충제를 복용하기로 해요.

기생충이 치료제가 되는 시대

기생충은 피하고 없애야 할 존재로 여겨졌지만, 최근 과학자들은 기생충을 치료제로 쓰는 방법까지 연구하고 있어요. 없애야 하는 해충에서 일부러 몸에 넣는 치료법으로, 기생충을 바라보는 과학의 관점이 완전히 달라졌죠. '기생충 치료법(helminthic therapy)'이 대표적인 예랍니다.

　이 치료법은 특정 기생충이 면역 반응을 억제하거나 조절하는 특성을 활용해, 알레르기나 자가면역질환, 염증성 장 질환 같은 병을 완화해 보려는 연구예요. 단순히 기생충이 면역을 건드린다는 수준을 넘어서, 그 작용을 치료에 적극적으로 활용할 수 있을지를 과학적으로 검증하는 중이죠.

　예를 들어, 회충 알이나 구충의 유충을 소량 투여해서 인체의 과민한 면역 반응을 조절하려는 임상 시험이 일부 진행되고 있

구충제

어요. 아직 상용화된 치료제는 없지만, 일부 환자에게서 증상이 완화된 사례도 보고되고 있답니다.

이처럼 기생충은 상황에 따라 공존하거나, 치료 도구로 쓰일 수 있는 생물로 다시 주목받고 있어요. 앞으로는 몸속 기생충을 죽이는 '구충제'뿐 아니라, 기생충을 활용해 면역을 조절하는 '기생충 기반 치료제'가 함께 쓰이는 시대가 올지도 몰라요. 생명체의 능력을 과학적으로 응용 가능한 자원으로 바라보는 것, 오늘날 생명과학이 나아가는 새로운 방향이에요.

효소를 채우고,
산을 다스리다

　속이 더부룩할 때 찾게 되는 소화제. 누군가는 탄산음료가 소화에 더 낫다고 말하기도 하죠. 그런데 우리는 흔히 말하는 '소화'가 무엇인지 제대로 알고 있을까요?

　음식물이 잘게 부서진다고 해서 물리적인 분해 과정에 불과하다고 생각했다면, 그건 반쪽짜리 이해예요. 사람 몸속에서 일어나는 소화는 갈고 부수는 작용을 비롯해 화학 반응까지 포함하는 복잡한 과정이거든요.

　이 사실을 직접 확인한 놀라운 실험이 무려 200년 전, 한 병사와 군의관 사이에서 이루어졌답니다. 그 주인공은 총상으로 위에 구멍이 난 채 살아남은 병사, 그리고 그의 몸을 통해 위 속을 들여다본 군의관이었어요.

1822년, 미국의 군의관 윌리엄 보몬트는 아주 특별한 환자를 만났어요. 그 환자는 총상을 입은 군인 알렉시스 세인트 마틴이었죠. 그의 위에 뚫린 구멍은 상처가 아물고도 그대로 남아 있었어요. 놀랍게도 마틴은 그 상태로 살아남았고, 보몬트에게는 사람의 위 속을 직접 관찰할 수 있는 아주 희귀한 기회가 생겼죠.

보몬트는 군인의 몸을 가지고 실험을 시작했어요. 실에 묶은 음식 조각을 구멍으로 넣었다가 일정 시간 뒤 꺼내 보고, 위 속에서 어떤 일이 일어나는지 관찰했죠. 또 위액을 따로 채취해 음식물을 담가 보기도 했는데, 결과는 매우 놀라웠어요. 그는 위에서 음식이 잘게 부서질 뿐만 아니라, 위액 안에 있는 '무언가'가 음식물, 특히 단백질을 녹여 없앤다는 사실을 확인했어요. 즉 '소화'가 몸속에서 일어나는 화학반응이라는 사실이 과학적으로 밝혀졌죠.

그로부터 10여 년 뒤, 독일의 과학자 테오도어 슈반은 위액 속 '무언가'를 분리하는 데 성공했어요. 그 물질은 단백질을 잘게 분해하는 '펩신'이라는 효소였죠. 슈반은 개구리의 위액을 증류하고 정제하는 실험을 통해 이 물질이 음식 속 단백질을 녹인다는 사실을 직접 증명했어요. 펩신은 사람의 위에서 처음으

소화제

로 발견된 소화효소라는 점에서 이는 과학사에서 매우 중요했답니다.

과학자들은 이후 사람의 위에는 펩신 외에도 다른 소화효소들이 존재한다는 사실을 하나씩 밝혀냈어요. 예를 들어, 아밀레이스는 침 속에 들어 있는 효소로, 밥이나 빵처럼 전분이 많은 음식을 입에 넣자마자 그것을 분해하기 시작하죠. 또 지방을 분해하는 효소 라이페이스는 주로 이자(췌장)에서 분비돼요. 이런 효소들이 각각 탄수화물, 단백질, 지방을 분해하며 함께 작용하기 때문에 우리가 먹은 음식은 몸에 흡수되기 좋은 형태로 잘게 쪼개질 수 있는 거예요.

이렇게 다양한 소화효소의 원리를 바탕으로 만든 약이 바로 '소화제'예요. 몸속 효소가 부족하거나 위 기능이 약해져서 소화가 원활하게 이루어지지 않을 때, 소화제가 효소의 역할을 대신해 줘서 속이 편해지죠.

효소부터 위산 억제제까지

오늘날 우리가 약국에서 쉽게 구할 수 있는 소화제는 어떤 방식으로 작용할까요? 사실 '소화제'는 한 가지 약이 아니라, 증상에 따라 작용 방식이 다른 여러 종류의 약을 통틀어 부르는 이름이에요.

먼저, 소화효소제에 대해 알아볼게요. 이 약은 그 이름에서 알수 있듯이 몸속에서 분비되는 소화효소를 대신하거나 보충해주는 역할을 해요. 우리가 음식을 먹으면, 입속 침에서는 아밀레이스가 전분을 분해하고, 위에서는 펩신이 단백질을 잘게 자르고, 이자에서는 라이페이스가 지방을 분해해요. 그런데 몸이 피곤하거나 위장 기능이 떨어졌을 때는 이런 효소가 부족해질 수있어요. 이때 소화효소제를 먹으면 음식이 잘게 분해되도록 도와주죠. 더부룩하거나 소화가 안 될 때는 소화효소제가 효과적이에요.

속이 쓰리고 따끔한 느낌이 든다면 효소가 아닌 위산이 문제을 일으키고 있을 가능성이 커요. 위에서는 음식을 소화하기 위해 매우 강한 산성을 띠는 위산을 만들어 내요. 위산이 너무 많이 분비되거나, 위 점막이 약해진 상태면 오히려 위가 자극을 받아 불편해질 수 있어요. 이런 경우에는 제산제나 위산 억제제가필요해요.

제산제는 이미 만들어진 위산을 화학적으로 중화시켜 주는약이에요. 마치 산성 용액에 베이킹소다를 넣어 중화시키는 것처럼, 위산의 산성을 낮춰 위 점막이 받는 자극을 줄여 주죠. 효

소화제

속 쓰림이 지속될 때는 소화효소제보다
제산제 혹은 위산 억제제가 효과적이다.

과가 빠르고, 속 쓰림이나 위장 통증을 빠르게 완화할 수 있어요. 하지만 제산제가 소화효소를 보충하는 건 아니라서, 소화를 촉진하는 효과는 없답니다.

위산 억제제는 더 근본적인 방식으로 영향을 미쳐요. 위산이 너무 많이 만들어지지 않도록 위의 산 분비 기능을 억제하죠. 위산이 자주 올라오는 역류성 식도염이나 위염 같은 증상에 도움이 돼요. 다만 이 역시 직접적으로 소화를 돕는 건 아니에요.

그러니까 같은 소화제 계열이라고 아무거나 먹기보다는, 지금 내 몸에서 무슨 일이 벌어지고 있는지를 먼저 파악하는 게 중요해요. 그래야 내 속에 맞는 약을 고를 수 있답니다.

삼킬까, 씹을까, 마실까?

소화제는 작용 방식만 다른 게 아니에요. 알약, 가루약, 씹어 먹는 약, 물약 등 생김새도 제각각이죠. 단순히 먹기 편하게 만든 게 아니라, 증상과 속도에 따라 약효를 조절하려는 과학적 설계의 결과예요.

예를 들어, 씹어 먹는 소화제는 입안에서부터 녹기 시작해요. 그래서 위장까지 가는 시간을 줄이고, 약효가 빠르게 나타나도록 도와주죠. 특히 속이 더부룩할 때처럼 즉각적인 효과가 필요한 경우, 약이 가능한 한 빨리 작용하는 게 중요해요. 씹어 먹는 약은 위 속에 빨리 도달하고, 몸에 빠르게 흡수되기 때문에 속 불편함을 단기간에 완화하는 데 유리해요.

가루나 액체 형태로 된 소화제는 물에 녹여 마시면 넓게 퍼지면서 위 전체에 고르게 작용할 수 있어요. 이렇게 퍼지는 성질로 위나 장에서 부드럽고 균일하게 작용하고, 자극도 덜 한 편이에요. 위가 예민한 사람이나 어린이에게 적합하죠.

알약처럼 삼켜서 먹는 제형은 위를 지나 장까지 도달한 뒤에

소화제

약효가 나타나도록 설계된 경우도 있어요. 위산에 파괴되기 쉬운 성분은 겉에 특수한 막을 입혀서 장에 도착한 후 녹게 만든 거예요. 이런 약은 효과가 나타나기까지 시간이 조금 걸리지만, 약효가 오래 지속된다는 장점이 있어요.

이처럼 소화제는 단순히 소화에 도움이 되는 성분을 넣는 데서 그치지 않고, 몸에서 작용하는 방식까지 고려해 만들어져요. 어떤 게 더 먹기 편한가보다는 어떤 증상인지, 얼마나 빠르게 약효가 필요한지에 따라 복용 형태를 고르는 것이 더 중요하죠.

소화제 대신 탄산수로 충분할까?

꼭 약이 아니더라도, 먹으면 속이 편해지는 느낌이 드는 것들이 있어요. 대표적인 예가 바로 탄산수예요. 기름진 음식을 먹고 난 뒤 탄산수를 마시면 속이 좀 가벼워지는 느낌을 한 번쯤 경험해 본 적 있지 않나요?

왜 그럴까요? 탄산수에 들어 있는 이산화탄소는 위 점막을 살짝 자극해서 위산 분비를 촉진해요. 위산이 부족해서 소화가 느렸던 사람은 이런 자극이 위를 깨우는 효과를 주어 일시적으로 소화가 잘되는 느낌을 받을 수 있어요.

실제로 한 연구에서는 탄산수를 마신 그룹이 일반 물을 마신 그룹보다 식사 후 위의 배출 속도가 빨라졌다는 결과도 있어요. 이는 탄산수가 위의 운동성을 약간 높이거나, 위 속의 내용물이 장으로 더 빨리 이동하게 도왔을 가능성을 보여 준다고 해석할 수 있어요. 때로는 탄산수가 우리 몸에서 '가벼운 소화 촉진제'처럼 작용하는 셈이죠.

하지만 여기엔 주의할 점도 있어요. 만약 위산이 과다 분비되는 위염이나 역류성 식도염이 있는 사람이 탄산수를 마신다면, 위산 분비가 더 늘어나면서 속 쓰림이나 트림, 복부 팽만감이 심해질 수 있어요. 특히 위산이 식도로 역류할 경우 가슴이 타는 듯 불편한 느낌이 들 수도 있죠.

탄산수는 잠든 위를 툭 치며 깨우는 알람 같달까요? 위가 졸고 있다면 유익할 수 있지만, 이미 예민하게 깨어 있는 위라면 오히려 괴롭겠죠. 그러니까 탄산수를 마신다고 해서 무조건 소화가 잘되는 건 아니에요. 내 몸의 상태에 따라 효과가 달라질 수 있답니다.

소화제

탄산수처럼 약이 아니더라도 속을 편하게 해 주는 것들이 일상에 또 있을까요? 속이 더부룩할 때 따뜻한 생강차나 매실차를 떠올린 적이 있을 거예요. 그런데 이런 전통 음료들도 '소화제'처럼 효과가 있을까요?

예부터 속이 더부룩하거나 메스꺼울 때 생강을 물에 끓여 마시곤 했죠.《동의보감》에는 생강이 속을 따뜻하게 하고 담을 삭인다고 기록돼 있어요. 실제로 생강에 들어 있는 진저롤과 쇼가올 성분은 위 운동을 촉진하고 구역질을 줄이는 데 도움이 된다고 해요.

매실도 마찬가지예요.《동의보감》에서는 말린 매실이 속을 조화롭게 하고, 진액을 생기게 하며, 열을 내린다고 나와 있어요. 옛날에는 여름철 배탈이나 설사 증상이 있을 때 매실차를 마시기도 했죠. 매실에 들어 있는 구연산, 사과산 같은 유기산은 침과 위액 분비를 자극해 소화를 돕고, 일부 연구에서는 장내 유해균의 증식을 억제하는 효과도 보고된 바 있어요.

물론 이런 천연 소화제는 우리나라만의 전통은 아니에요. 인도에서는 '사운프'라고 불리는 펜넬 씨앗(회향)을 식사 후에 씹으며 속을 달래요. 실제로 인도 레스토랑에 펜넬 씨앗이 비치된 모습을 종종 볼 수 있어요. 중국에서는 귤껍질을 말린 진피로 차를 마시는데, 여기에 들어 있는 리모넨이라는 성분은 운동을 촉진하고, 더부룩함이나 트림을 줄이는 데 도움이 돼요. 유럽에서는 캐모마일이나 페퍼민트 차를 즐겨 마시는데, 여기에는 진정과 근육 이완 효과가 있어서 위장의 경련이나 소화불량을 완화하는 데 사용돼요. 이처럼 사용하는 재료는 다르지만, 속을 편하게 다스리기 위한 세계 여러 나라의 지혜로운 전통은 놀라울 만큼 닮아 있어요.

생강차나 매실차는 단순한 민간요법이 아니라, 전통 의학과 현대 과학이 뒷받침하는 천연 소화 보조제라고 할 수 있어요. 물론 약국에서 파는 약처럼 효과가 강하지는 않지만, 일상에서 부담 없이 섭취하며 속을 다스리기에는 충분하답니다.

내 장에 딱 맞는 소화제란?

같은 음식을 먹어도 누구는 괜찮고, 누구는 속이 더부룩한 경우가 있죠. 그렇다면 소화제도 사람마다 달라야 하지 않을까요? 최근 과학자들은 바로 이 점에 주목하고 있어요. 사람마다 소화 능력이 다른 이유, 그리고 그에 맞는 맞춤형 소화제의 가능성을

소화 안 되는 사람들 모임

말이죠.

특히 장내 미생물에 관한 연구가 활발하게 이루어지고 있어요. 사람마다 장 속에 사는 세균 종류와 비율이 달라서 어떤 음식이 잘 소화되는지, 어떤 소화제가 효과적인지도 달라질 수 있어요. 예를 들어, 유당 불내증이 있는 사람은 우유 속 당분을 분해하는 락테이스라는 효소가 부족해서 복통이나 설사를 하는데, 어떤 사람은 그런 증상이 전혀 나타나지 않죠. 그 차이를 설명해 주는 것이 우리 몸속의 '미생물 생태계'예요.

이런 연구가 진전되면서, 이제는 사람의 장내 환경을 분석해 그에 맞는 소화효소나 유익균을 활용하는 치료법도 보급되고 있어요. 예를 들어, 특정 음식을 소화하기 어려운 사람에게는 그 음식에 필요한 효소를 따로 보충해 주거나, 장 건강을 회복시킬 수 있는 유익균을 함께 섭취하게 하는 식이죠.

요즘은 알약이 위에서 바로 녹지 않고, 장까지 도달한 뒤에야 천천히 녹도록 설계된 '지속 방출형 제제'가 많아지고 있어요. 덕분에 약이 꼭 필요한 부위에서만 작용하고, 약효도 더 오래 지속돼요. 어떤 약은 캡슐 안에 미세한 입자를 여러 겹으로 감싸서, 시차를 두고 조금씩 녹게 만들기도 해요. 마치 타이머를 설정한 소화제처럼 말이죠.

최근에는 특정 질환이 있는 사람을 위한 맞춤형 위장약도 연

소화제

구되고 있어요. 과민성대장증후군처럼 속이 자주 불편한 사람은 단순한 소화제만으로는 충분하지 않기 때문에, 장의 민감도나 신경전달물질에 관한 기능까지 고려해 새로운 치료법이 개발되고 있어요.

이처럼 소화제는 점점 우리 몸의 상태에 맞춰 정밀하게 작용하는 '개인 맞춤형 치료제'로 발전하고 있어요. 지금은 약국에서 똑같은 소화제를 사 먹지만, 언젠가는 내 장 상태에 맞춰 특별히 조합된 '나만의 소화제'를 받는 날이 올지도 몰라요. 장내 미생물과 소화의 과학은 빠르게 진화 중이랍니다.

막힌 리듬이
다시 흐르게!

기원전 1500년경에 쓰인 고대 이집트의 의학 문서 《에베르스 파피루스》에는 관장을 통한 장 치료법이 등장해요. 거위 깃털이나 갈대를 이용해 항문에 액체를 넣어 장 속 노폐물을 빼내는 방식이었죠.

관장은 특히 귀족이나 왕족 사이에서 중요한 치료법이었다고 해요. 당시 사람들은 장 속의 썩은 물질이 병의 원인이라고 믿었거든요. 지금의 과학적 설명과는 조금 다르지만, '장 건강이 곧 몸 건강'이라는 직관은 꽤 날카로운 통찰이었죠.

이런 생각은 이후에도 계속 이어졌어요. 고대 로마에서는 은제 관장 도구를 사용했고, 중세 유럽 귀족들도 자주 관장을 받았죠. 조선 시대에도 한약이나 뜸처럼 배변을 돕는 다양한 방법이 쓰였답니다. 변비와의 싸움은 수천 년 전부터 인류가 공통으로 겪어 온 문제였던 셈이에요.

변비를 판단하는 진짜 기준

"하루에 한 번은 꼭 볼일을 봐야 정상 아닌가요?" 많은 사람이 며칠 동안 배변을 보지 못하면 변비라고 생각해요. 이틀이나 사흘을 넘기면 어딘가 이상하다고 느끼죠. 그런데 변비의 기준은 '며칠'이 아니라 '신호'라는 사실을 알고 있었나요?

변비는 며칠 동안 화장실에 못 갔다고 생기는 게 아니에요. 배에 가스가 차고, 배에 힘을 줘도 대변이 잘 안 나오고, 나와도 돌처럼 딱딱하거나 시원하지 않으면 그게 바로 몸이 보내는 변비 신호예요. 누군가는 하루에 한 번 꼭 가야 속이 편하지만, 어떤 사람은 사흘에 한 번만 가도 괜찮아요. 장마다 리듬이 다르고, 사람마다 정상의 기준도 다르기 때문이에요.

특히 청소년에게는 변비가 더 자주 찾아오기도 해요. 물을 충분히 마시지 않고, 채소나 과일처럼 식이섬유가 풍부한 음식을 잘 먹지 않기 때문이에요. 앉아 있는 시간이 많은 데다 운동량도 부족하죠. 학교 화장실이 불편해서 참는 경우도 많고요. 게다가 스트레스를 받으면 장운동이 느려지면서 장이 게을러지기도 해요.

하지만 변비가 오래 지속되면, 장 속에 노폐물이 머무는 시간이 길어지면서 두통과 피로, 피부 트러블 등이 생길 수 있어요.

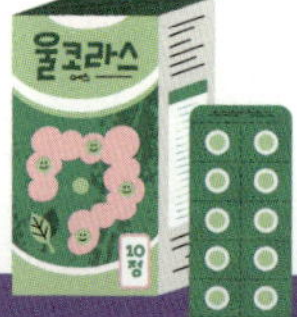

변비약

대변을 보는 날짜가 미뤄진다면 내 몸이 생활 습관에 경고를 보내고 있다고 봐야 해요. 장 속 시계가 고장 났다는 뜻이니까요. 물을 한 잔 더 마시고, 점심시간에 가볍게 산책을 하고, 장이 제때 말할 수 있는 시간을 만들어 주는 것. 그게 바로 변비를 피하는 첫걸음이에요.

장을 움직이는 네 가지 방식

생활 습관을 바꿔도 여전히 배변이 어렵다면 어떻게 해야 할까요? 이럴 땐 변비약의 도움을 받아 볼 수 있어요.

변비약은 크게 네 가지로 나눌 수 있어요. 각각 장에서 작용하는 방식과 위치, 그리고 자극의 강도, 효과가 나타나는 속도가 달라요. 그래서 어떤 약이 잘 맞을지는 장 상태나 체질, 상황에 따라 다르죠.

먼저, 팽창성 완하제예요. 이 약은 장 속에서 수분을 흡수해 부피를 키우는 방식으로 작용해요. 마치 스펀지가 물을 머금고 부풀어 오르듯, 팽창한 내용물이 장벽을 눌러 물리적 자극을 주고, 그 자극이 장운동을 촉진하는 거예요. 화학적으로는 불용성 식이섬유나 메틸셀룰로스 같은 반합성 고분자 성분이 들어 있어요. 이런 성분들이 수분을 흡수하는데, 장을 직접 자극하지 않아서 비교적 안전하고 부작용이 적은 편이에요.

두 번째는 삼투성 완하제예요. 이 약은 장내 삼투압을 인위적으로 높여, 장 안으로 물이 스며들게 만들어요. 수분이 많아지면 대변이 부드러워지고 배출이 쉬워지죠. 주로 사용하는 성분은 락툴로오스나 마그네슘염처럼 체내에 흡수되지 않고 장 속에 머무르며 수분을 끌어들이는 물질이에요.

세 번째는 가장 강력한 자극성 완하제예요. 비사코딜이나 센노사이드와 같은 성분이 장 점막을 직접 자극해서 빠르고 강한 연동운동을 유도하죠. 또한 장에서 수분이 충분히 흡수되기 전에 배출돼, 대변을 부드럽게 볼 수 있도록 도와줘요. 효과는 빠르지만 자주 사용하면 장 기능이 망가져 스스로 운동하지 못하게 되는 약물 의존성이 생길 수 있어요.

마지막은 윤활성 완하제예요. 액상 파라핀 같은 기름 성분이 장내를 코팅해, 대변이 장벽에 달라붙지 않고 쉽게 미끄러지도록 도와줘요. 대변과 장 사이의 마찰력을 줄여 주는 것이 윤활성 완하제의 주 역할인데, 장 점막을 자극하지 않는다는 점에서 비교적 순한 약이에요.

이처럼 변비약은 작용 원리, 사용하는 성분, 효과의 속도가 각각 달라요. 장 상태에 따라 필요한 약도 달라질 수 있으니, 무조

변비약

건 센 약을 고르기보다 개인에게 맞는 방법을 찾는 것이 가장 건강한 선택이에요.

내 몸에 사는 숨은 조력자들

우리 장 속에서는 어떤 일이 벌어지고 있을까요? 생각보다 훨씬 더 많은 생명체가 우리 장 속에서 함께 살아가고 있어요. 이름하여 장내 미생물(마이크로바이옴)이라고 부르죠. 이들은 수백 종, 수십조 마리에 이를 정도로 그 수가 어마어마해요.

참고로 우리 몸을 이루는 세포는 약 30조 개인데, 장 속 미생물은 그 수를 능가하거나 거의 비슷한 수준이랍니다. 말 그대로 우리는 미생물과 함께 살아가는 존재이죠.

1885년, 독일의 소아과 의사 테오도어 에셰리히가 아기의 대변에서 특별한 세균을 발견하면서 장 속에 세균이 산다는 사실이 알려졌어요. 그는 이 세균이 주로 대장에 산다는 사실을 밝혀냈고, 이후 이 균은 그의 이름을 따서 '에셰리키아 콜라이(*Escherichia coli*)', 즉 '대장균'이라고 불렸어요. 이로써 사람들 배 속에도 세균이 산다는 사실이 과학적으로 확인되었죠.

이 미생물들은 체내에 존재하는 수준을 넘어 우리 몸과 함께 살아가며 신체 건강에 아주 중요한 역할을 해요. 음식물을 분해해서 영양소를 흡수하기 쉽게 만들고, 몸속 면역 시스템이 과하게 반응하지 않도록 도와주기도 하죠. 최근 연구에서는 장내 미생물이 기분이나 뇌 기능과도 연결되어 있다는 사실이 밝혀졌어요. 실제로 우울감이나 불안 증상이 장 건강과 관계 있다는 논문도 많답니다.

그럼 장내 미생물은 건강에 어떤 영향을 줄까요? 1970년대, 영국의 외과 의사 데니스 버킷은 관찰을 통해 한 가지 재미있는 사실을 알아냈어요. 아프리카 전통 식사를 하는 사람들은 빠르고 시원하게 배변을 보는데, 서구식 식사를 하는 사람들은 변비나 장 질환을 많이 가지고 있다는 거예요. 가장 핵심적인 차이는 식이섬유였어요.

식이섬유는 채소, 과일, 곡류 등에 들어 있는 복합 탄수화물의 일종이에요. 우리 몸의 소화효소로는 분해되지 않아서 대장까지 그대로 내려가요. 그래서 우리 몸이 직접 흡수하진 않지만, 장내 미생물에겐 아주 훌륭한 먹이가 되죠.

버킷은 미생물이 건강하게 살아야 배변도 건강하다고 주장했죠. 실제로 식이섬유가 풍부한 음식을 먹으면 미생물이 활발히 활동하고, 장도 규칙적으로 움직여요. 특히 유산균과 식이섬유를 함께 섭취하면 변비 개선에 도움이 된다고 알려져 있죠.

변비약

결국 장은 음식이 지나가는 통로 이상으로 우리 몸에서 중요
한 역할을 해요. 미생물이 살아가는 복잡한 생태계이자 우리의
소화와 면역, 심지어 기분에까지 영향을 주는 핵심 공간이죠.

이렇게 중요한 장내 생태계의 균형이 깨지면 어떻게 될까요? 최근 과학자들은 약을 사용하는 것을 넘어 장내 미생물 자체를 회복시키는 방법을 연구하고 있어요. 그 대표적인 예가 바로 '대변 이식', 영어로는 FMT라는 치료법이에요.

다른 사람의 대변을 몸에 넣는다고 하면 조금 충격을 받을 수도 있지만, 실제로 병원에서는 이 방법으로 무너진 장내 생태계를 되살리려는 시도를 하고 있어요.

1958년에 처음 시도된 이 치료법은 특히 오랜 항생제 사용으로 장 속 미생물 균형이 무너졌을 때 큰 효과를 보였어요. 이후 과학자들은 다양한 장 질환 치료에 이 방법을 응용했죠. 지금은 단순한 장염이나 변비뿐만 아니라 과민성대장증후군, 염증성 장 질환, 심지어 우울증과 같은 정신 건강 분야로까지 연구가 확장되고 있어요.

FMT가 이렇게 효과적인 이유는 무엇일까요? 최근 연구에 따르면, 장내 미생물은 면역 반응을 조절하고, 세로토닌과 같은 신경전달물질의 생성에도 관여해요. 그래서 장을 '제2의 뇌'라고 부르기도 하죠.

이제는 단순히 장을 자극해서 대변을 나오게 하는 게 아니라,

변비약

장 속에 사는 미생물들과 어떻게 잘 지낼 수 있을지, 그 생태계를 어떻게 건강하게 회복시킬 수 있을지를 중심으로 치료 방법이 발전하고 있어요. FMT는 그 시작점일 뿐이고, 앞으로는 더 정제된 방식으로 미생물을 치료제로 활용하는 시대가 열릴지도 몰라요.

미래의 배변 과학

장 건강은 이제 더 이상 부차적인 문제가 아니에요. 바쁜 생활, 불규칙한 식사, 앉아 있는 시간에 익숙한 현대인의 삶에서 배변은 몸 전체의 리듬을 반영하는 중요한 신호라고 할 수 있어요. 과학자들은 장에서 이루어지는 생리 현상을 정밀하게 이해하고, 더 똑똑하게 관리하는 방법을 연구하고 있죠.

가장 눈에 띄는 변화는 맞춤형 변비약이에요. 사람마다 장 속에 사는 미생물의 종류와 비율, 유전자, 생활 습관이 모두 달라서 누구에게나 약이 똑같이 잘 듣지는 않아요. 그래서 요즘엔 장내 환경을 분석해 개인 맞춤 조합의 유산균이나 약물을 처방해주는 기술이 주목받고 있어요. 나에게 꼭 맞는 방식으로 장을 돌보는 거죠.

또 약을 대신하는 변비 치료법을 개발하는 연구도 있어요. 요구르트나 간식처럼 편하게 먹을 수 있는 기능성 식품형 변비약이 그 예시예요. 먹는 순간부터 장운동을 돕고, 유익균의 균형을 조절하는 성분이 함께 작용해요. 약을 삼키는 게 아니라 음식처럼 즐기면서 건강을 챙기는 새로운 방식이에요.

게다가 건강한 사람의 대변을 직접 이식하던 방식도 훨씬 간편해졌어요. '장내 미생물 이식 캡슐' 기술이 발전하면서, 냄새도 없고 먹기 쉬운 형태로 유익균만 추출해 담을 수 있게 됐죠. 이미 임상 시험 중이니 일반 병원에서 처방받을 날도 머지않았어요.

그렇다고 유산균만 챙기면 끝일까요? 유산균이 장 속에서 정착하고 증식하려면 유산균의 먹이가 필요해요. 그래서 주목받는 게 '프리바이오틱스'예요. 좋은 미생물이 잘 자랄 수 있도록 도와주는 식이섬유나 당류 같은 성분이죠. 즉, 좋은 균(프로바이오틱스)과 그들의 먹이(프리바이오틱스)를 함께 섭취해야 장내 미생물 생태계가 건강하게 유지돼요.

최근엔 기분과 장의 관계에 관한 과학적 연구도 활발해요. 스트레스를 받으면 배가 아프거나 변비가 생기는 것처럼, 장과 뇌는 서로 신호를 주고받는 연결 통로가 있어요. 그래서 감정 상태와 장 건강을 동시에 모니터링하고 조절해 주는 의료 기술도 개발되고 있죠.

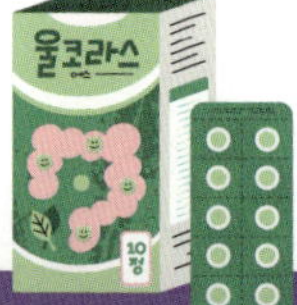

변비약

결국 변비약은 단순히 '배출'을 도와주는 약이 아니라, 내 장과 소통하고 신체 리듬을 조율하는 도구가 되어 가고 있어요. 장속 작은 생명들이 내 건강을 함께 만들어 가는 시대, 이제는 '뒷일'이 아니라 미래를 여는 과학의 한 분야예요.

여드름부터 피임까지, 호르몬을 지휘하라

　1950년대 미국에서 여성은 자신의 몸에 대해 온전한 결정 권을 갖지 못했어요. 마거릿 생어는 궁금했죠. "내 몸인데, 왜 내가 선택할 수 없는 거지?"

　산아제한운동에 참여했던 생어는 여성이 계획 임신을 통해 자유로워질 수 있다고 강조했어요. 그런 생어의 꿈에 날개를 달아 준 친구가 있었는데, 바로 MIT에서 생물학을 공부한 캐 서린 맥코믹이었죠. 큰 부자였던 맥코믹은 자신의 전 재산을 들여 과학자들에게 피임약 개발을 의뢰했어요.

　그 결과 생리 주기를 조절하고 배란을 억제하는 '경구 피임 약'이 처음으로 만들어졌고, 1960년대에 미국에서 정식으로 승인을 받았어요. 이 약은 단순히 임신을 막는 약이 아니었어 요. 임신을 스스로 결정할 수 있다는 관념과 권리의 시작이었 죠. 이렇듯 피임약은 과학 실험실이 아니라 여성들의 삶 속에 서 만들어진 약이에요.

우리가 지금 알고 있는 피임약은 사실 처음부터 피임을 위해 만들어진 건 아니었어요. 놀랍게도 근육을 키우는 약물에서 비롯됐죠.

1900년대 초, 과학자들은 인체에서 성별을 결정하고 생식 기능을 조절하는 특수한 화학물질, 즉 성호르몬이 존재한다는 사실을 알아냈죠. 게다가 1920년대에는 여성 호르몬 에스트로겐과 남성 호르몬 테스토스테론을 처음으로 분리해 내는 데 성공했어요.

그러다 1935년, 독일의 과학자 레오폴드 루지카가 세계 최초로 테스토스테론을 실험실에서 합성하는 데 성공하면서, 과학자들은 다양한 합성 호르몬을 만들기 시작했어요. 이렇게 만들어진 합성 호르몬들은 피임약뿐 아니라, 여드름 치료제, 월경불순 치료제, 운동선수들의 근육 강화제 등으로 사용되며, 우리가 오늘날 '스테로이드 계열'이라고 부르는 약물이 본격적으로 판매되기 시작했죠.

하지만 초기 피임약 개발엔 큰 장벽이 있었어요. 여성 호르몬을 만들기가 쉽지 않았거든요. 여성 호르몬을 만들려면 먼저 동물의 난소나 임신한 말의 소변에서 그것을 추출해야 했는데, 양

도 적고 비용도 많이 들었습니다. 이 문제를 해결해 준 건 뜻밖에도 들판에서 자라는 식물이었어요.

미국의 생화학자 러셀 마커는 멕시코 고산지대에서 자라는 야생 참마에 주목했어요. 이 식물의 뿌리에는 디오스게닌이라는 성분이 풍부하게 들어 있는데, 이 물질을 화학적으로 변형해서 여성 호르몬의 한 종류인 프로게스테론과 거의 똑같은 구조를 만들 수 있었거든요. 덕분에 동물에게서 힘들게 호르몬을 추출하지 않아도, 값싼 피임약을 대량생산 할 수 있게 됐죠. 피임약은 본격적으로 널리 보급되기 시작했어요.

오늘날 피임약 대부분은 디오스게닌 없이, 더 빠르고 정밀한 합성 과정을 거쳐 만들어지고 있어요. 디오스게닌은 피임약 생산의 판도를 바꿨지만, 지금은 인공적으로 합성된 호르몬들이 그 자리를 대신하고 있죠.

몸을 속여 임신을 막는 법

피임약을 먹으면 어떤 원리로 임신이 안 되는 걸까요? 혹시 정자를 죽이는 약이라고 생각했다면, 그건 오해예요. 피임약은 정자보다 먼저 여성의 몸 안에서 '배란'을 멈추게 하거든요.

보통 여성의 몸은 한 달에 한 번씩 난소에서 난자를 하나씩 배출해요. 이걸 배란이라고 하죠. 배란된 난자는 나팔관을 따라 이동하면서 정자를 만나기를 기다리고, 둘이 결합하면 임신이 이루어집니다. 그런데 피임약은 이 배란이 일어나지 못하게 막는 역할을 해요.

그 원리를 들여다보면 똑똑하다는 말이 절로 나와요. 피임약 속에는 여성 호르몬인 합성 에스트로겐과 프로게스틴(합성 프로게스테론)이 들어 있어요. 이 두 호르몬은 임신 중에 자연스럽게 분비돼요.

예를 들어, 에스트로겐은 임신 기간이 늘어날수록 농도가 높아지면서 자궁을 키우고 유선이 발달하도록 해요. 한편, 프로게스테론은 임신 초기부터 작용해서 자궁내막을 두껍고 안정적으로 유지해 줘요. 즉 수정란이 잘 착상하고 자랄 수 있도록 도와주죠.

참고로 피임약에는 이 자연 호르몬들을 그대로 넣을 수는 없기 때문에, 몸속에서 비슷한 작용을 하도록 합성한 형태를 사용해요. 예를 들어, 프로게스틴은 프로게스테론을 흉내낸 합성 호르몬이에요. 에스트로겐을 대신해 '에티닐에스트라디올' 같은 합성 호르몬이 쓰이지만, 흔히 '에스트로겐'이라고 부른답니다.

이 두 호르몬이 함께 작동하면서 몸은 '지금 임신 중이야!'라

피임약

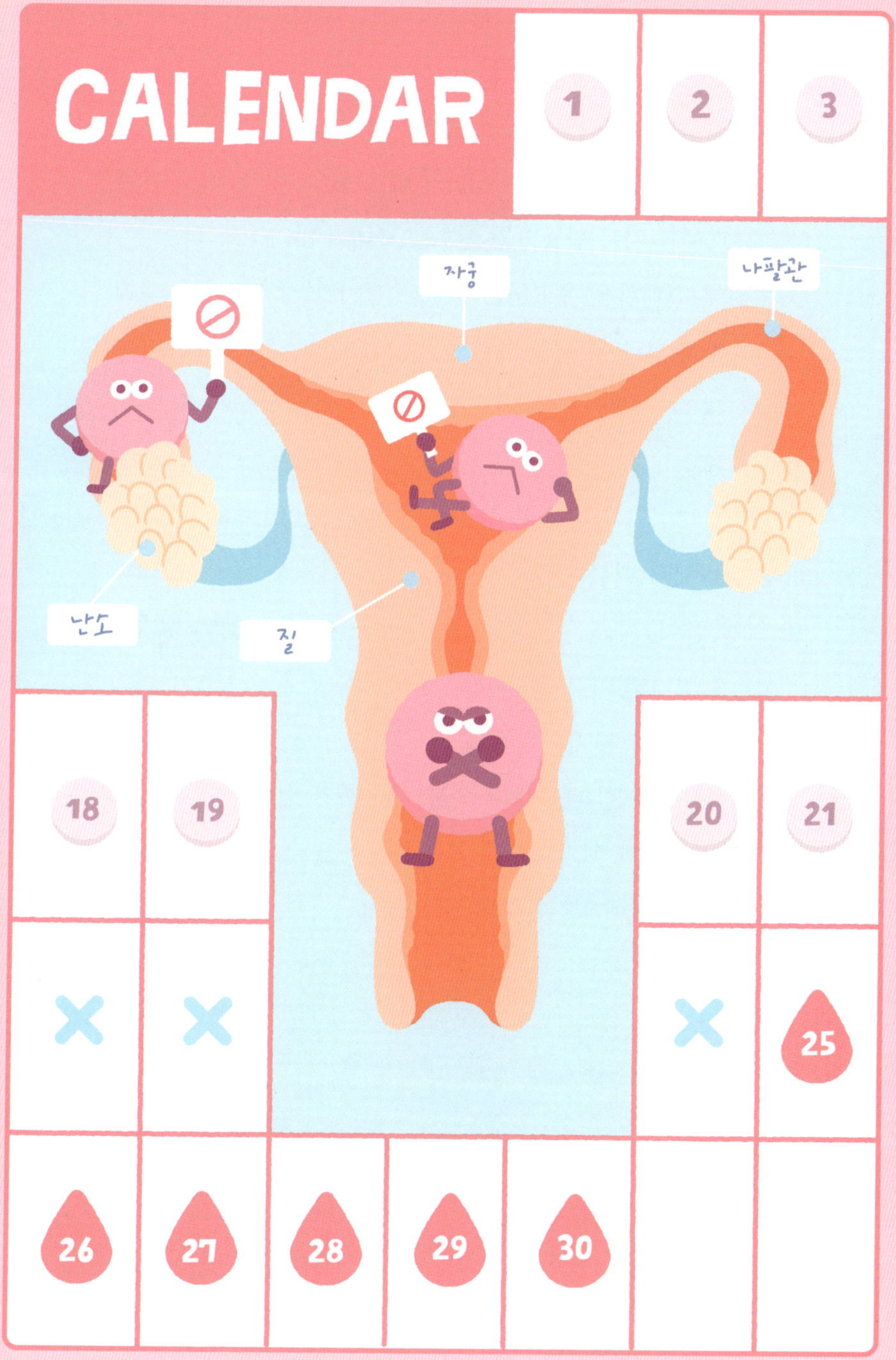

CALENDAR
1
2
3
자궁
나팔관
난소
질
18
19
20
21
25
26
27
28
29
30

는 신호를 받아요. 피임약은 바로 이 점을 이용해요. 약에 들어 있는 합성 호르몬들이 몸속에 들어가면, 뇌는 임신한 줄로 착각하고 난소에 난자를 만들라는 신호를 보내지 않거든요.

즉 뇌에서 배란을 유도하는 호르몬 분비가 억제되면서, 실제로 배란이 일어나지 않는 거죠. 이처럼 몸이 스스로 호르몬 균형을 조절해 배란을 억제하는 현상을 '음성 피드백(negative feedback)'이라고 해요.

그런데 피임약의 역할은 여기서 끝나지 않아요. 혹시 모를 상황에 대비해서 다른 방식으로도 임신을 막는 장치들을 준비해요. 예를 들어, 자궁 입구의 점액을 더 끈적하게 만들어 정자가 안으로 들어가기 어렵게 만들고, 자궁 안쪽 벽을 얇게 만들어서 수정란이 착상할 수 없게 하죠.

피임약은 이처럼 배란부터 수정, 착상까지 임신에 필요한 여러 단계에 동시에 브레이크를 거는 약이에요. 꾸준히 먹기만 하면 꽤 높은 확률로 임신을 예방할 수 있죠.

남성 피임약은 아직도 실험 중

그럼 이제 이런 궁금증이 생길 수도 있어요. '왜 피임은 항상 여

피임약

자의 몫일까?', '남자도 약 한 알로 피임이 된다면 훨씬 공평하지 않을까?'

남성과 여성의 몸은 피임이 필요한 지점부터 다르게 작동해요. 보통 여성은 한 달에 난자 하나만 배출하지만, 남성은 하루에 수천만 개의 정자를 계속 만들어요. 이 엄청난 숫자의 정자를 전부 멈추게 하거나, 한 마리도 빠져나가지 못하게 만드는 건 생각보다 훨씬 복잡한 일이에요.

게다가 남성 피임약도 여성 피임약처럼 호르몬을 조절하는 방식을 쓰는데요. 이 과정에서 성욕 감소, 근육량 변화, 기분 변화 같은 부작용이 강하게 나타나는 경우가 많았어요. 여성 피임약도 물론 메스꺼움, 체중 증가, 감정 기복 같은 부작용이 있을 수 있지만, 오랜 시간 동안 다양한 연구와 사용 경험이 축적된 덕분에 상대적으로 조절이 가능한 범위로 여겨져 왔죠.

반면, 남성 피임약은 여성 피임약에 비해 연구가 덜 되었기 때문에, 아직 안정성과 효과를 동시에 만족시키는 수준에 이르지 못한 거예요.

그렇다고 연구가 멈춘 건 아니에요. 요즘은 정자가 만들어지는 과정을 막거나, 만들어진 정자의 움직임 자체를 멈추는 등 여러 방법이 시도되고 있어요. 어떤 후보 물질들은 동물실험과 임상 시험에서 좋은 결과를 보여 주기도 했어요.

아직은 약국에서 남성 피임약을 판매하지 않지만, 조만간 이른바 '남성도 하루 한 알!' 시대가 올 수도 있어요. 피임에 대한 책임을 함께 나누게 될 그날이 하루빨리 오면 좋겠네요.

피임약과 여드름의 과학

피임약이 여드름 치료에 쓰인다는 말을 들어 본 적 있나요? 의외일 수도 있지만, 실제로 어떤 사람들은 피부를 위해 피임약을 먹기도 해요. 여드름의 원인 중 하나가 바로 호르몬이기 때문이에요.

특히 사춘기에는 여성과 남성 모두 남성 호르몬인 안드로겐이 활발하게 분비돼요. 안드로겐은 피지샘을 자극해서 피지가 많이 분비되게 만들어요. 피지가 모공을 막으면 여드름이 생기기 쉬운 피부 환경이 되죠.

그런데 피임약에는 합성 에스트로겐과 프로게스틴이 들어 있어서, 안드로겐의 작용을 억제하는 효과가 있어요. 에스트로겐은 뇌에 작용해서 안드로겐을 만드는 신호를 줄이고, 프로게스틴은 피부에서 안드로겐이 작용하는 걸 방해해서 피지 분비를 줄여 주죠. 이처럼 피부 속 호르몬 균형을 조절해 여드름 완화에

피임약

도움이 될 수 있어요. 그래서 일부 피임약은 피부과에서 여드름 치료용으로도 처방되곤 한답니다.

더 확장해 보면, 피임약은 호르몬을 조절하는 약이기 때문에 생리통을 줄이거나 생리 주기를 조절하는 데 쓰이기도 해요. 여성의 신체 리듬에 관한 여러 생리 현상에 영향을 줄 수 있는 약이에요.

물론 모든 사람에게 효과가 있는 건 아닙니다. 호르몬에 직접 작용하는 만큼 반드시 전문의의 처방과 상담을 통해 사용해야 해요. 피부가 좋아지는 효과를 얻을 수도 있지만, 그만큼 신중하게 다뤄야 하는 약이란 걸 잊지 마세요.

피임약을 끊으면 몸이 망가질까?

피임약에 대해 걱정하는 사람들은 종종 이렇게 말하곤 해요. 호르몬을 먹으니까 몸에 해로운 거 아니냐고, 오래 먹으면 불임이 되는 건 아니냐고요.

결론부터 말하자면, 그런 걱정은 사실과 달라요. 피임약은 합성 호르몬이 들어 있는 약으로, 임신을 영구적으로 막는 것이 아니라 일시적으로 멈추게 하는 거예요. 피임약을 복용하는 동안에는 배란이 일어나지 않도록 호르몬이 조절되지만, 약을 끊고 나면 대부분 1~3개월 안에 원래의 배란과 생리 주기로 다시 돌아와요.

다만 평소 생리 불순이 있는 사람이라면 피임약을 중단한 뒤에 몸이 원래의 리듬을 되찾는 데 시간이 조금 걸릴 수 있어요. 이건 피임약 자체의 문제라기보다는 그 당시 몸 상태에 따라 좌우되는 경우가 많아요.

물론 피임약도 약이기 때문에, 모든 사람에게 똑같이 작용하는 것은 아니에요. 예를 들어, 흡연자나 고혈압이 있는 사람 또는 35세 이상의 여성은 혈전증과 같은 부작용의 위험이 조금 더 커질 수 있어요. 그래서 피임약을 복용하기 전에는 전문의와 충분한 상담을 통해 자기 몸 상태에 맞는지를 꼭 확인하는 게 중요해요.

한편, 지금까지 이야기한 피임약(경구 피임약) 외에도, 성관계 후 원치 않는 임신이 되지 않도록 막아 주는 응급 피임약이 있어요. 성관계 전에 복용하는 일반적인 피임약과는 복용 시점에 차이가 있죠. 응급 피임약은 정자가 난자가 만나기 전에 배란을 억제하거나, 정자의 움직임을 방해해서 수정이 일어나지 않도록 도와주는 약이에요. 착상이 되기 전 단계에서 작용하기 때문에 임신을 중단하는 약과는 전혀 다르죠.

피임약

다만 응급 피임약은 정기적인 피임 수단이 아니라, 피임 실패나 성폭력과 같은 응급 상황에서 한시적으로 사용하는 약이에요. 일반 피임약보다 1회 복용량 기준으로 호르몬 함량이 훨씬 높고, 복용 후 메스꺼움이나 유방 통증 같은 부작용이 나타날 수 있어요. 드물지만 자궁 외 임신 가능성도 배제할 수 없기 때문에, 복용 후 증상이 지속되면 반드시 확인이 필요해요. 내 몸을 위한 선택을 하려면 이렇듯 약의 부작용을 정확히 이해해야 하죠.

응급 피임약의 경우 신중하게 사용해야 하지만, 최신 연구에 따르면 피임약은 비교적 안전하고 효과적인 피임 방법이에요. 건강한 사람이 정해진 용량과 방식에 따라 복용한다면 말이죠. 피임약을 끊으면 몸이 망가진다는 말은 과학적으로 근거가 부족한 오해에 가까워요. 제대로 알고 몸에 맞게 사용한다면 여성의 건강한 삶을 돕는 현명한 선택이 될 수 있답니다.

약이 아닌 '선택'의 과학

오해를 걷어 내고 피임약을 제대로 이해하기 시작하면, 피임약이 피임 이외에도 어떤 변화를 가져오는지 보일 거예요. 피임약은 임신 예방뿐만 아니라 호르몬을 조절하는 과학, 생리 주기의 리듬, 그리고 개인의 선택과 책임이라는 중요한 의미가 있어요. 예전에는 배란을 멈추는 용도로만 쓰였다면 지금은 여성의 건강을 조절하고 삶의 질을 높이는 데도 활용되죠.

최근에는 사람마다 유전자, 호르몬 반응, 생리 주기가 조금씩 다르다는 사실에 주목해서 맞춤형 피임약을 개발하는 연구도 활발하게 진행 중이에요. 앞으로는 병원에서 내 몸에 맞는 호르몬 조합을 분석해서 '나만의 피임약'을 처방받는 시대가 올지도 몰라요.

게다가 스트레스, 수면, 감정 변화 같은 것들도 생리 주기와 호르몬 분비에 영향을 준다는 사실이 알려지면서, 이런 요소들을 함께 모니터링해 주는 웨어러블 기기나 스마트폰 앱도 개발되고 있어요. 몸과 마음의 리듬을 함께 조절할 수 있는 도구로 발전하는 중이죠.

피임은 언제 임신할지, 혹은 임신을 하거나 하지 않을지 스스로 선택하는 일이기도 해요. 여성이 자신의 몸에 대한 주도권을 갖는 일이죠. 그래서 피임은 건강과 직결된 문제인 동시에 인권에 관한 사회적 논의와도 연결되는 중요한 주제랍니다. 종교나 문화, 윤리적 기준에 따라 여러 논의가 나올 수 있지만, 그만큼 더 과학적으로 정확한 정보를 알고 서로의 생각을 존중하며 이

피임약

야기할 수 있는 태도가 필요해요.

　결국 피임약은 '약'이기도 하지만, 더 나아가 여성이 몸과 삶을 스스로 선택할 수 있게 해 주는 도구예요. 더 많은 사람이 그 의미를 알고, 자기 몸에 대해 당당하게 말할 수 있는 세상이 되면 좋겠습니다.

12. 멀미약

뇌의 경보 시스템을
잠재우려면

　바다를 처음 본 사람들이 가장 먼저 겪는 일이 있어요. 바로 멀미예요. 1912년, 그 유영한 타이타닉호를 타고 대서양을 건너던 사람들 중에도 멀미로 고생한 이들이 있었어요. 일부 생존자의 기록에는 "식사를 제대로 못 할 정도로 속이 울렁거렸다"라거나 "배에 적응하느라 힘들었다"라는 말이 남아 있죠.

　하늘을 나는 조종사도 우주를 여행하는 우주비행사도 멀미를 겪어요. NASA가 처음 유인 우주비행을 준비하던 시절, 무중력 상태에서 발생하는 '우주 멀미'는 큰 골칫거리였죠.

　바다와 하늘, 심지어 우주에서 멀미를 막기 위해 과학자들은 멀미약을 개발해 왔어요. 이 멀미약은 감각기관과 뇌 사이의 복잡한 신호 충돌을 막아 주는 과학의 산물이랍니다. 이제부터 그 흥미로운 이야기를 하나씩 살펴볼게요.

가만있는데 왜 울렁거릴까?

사실 멀미는 우리 몸이 진짜 아파서 생기는 게 아니에요. 감각기관 사이의 정보가 엇갈릴 때 뇌가 혼란스러워하면서 나타나는 반응이에요.

우리 몸은 평형 상태를 유지하기 위해 여러 가지 감각기관을 사용해요. 그중에서도 가장 중요한 역할을 하는 게 눈과 귀예요. 눈은 우리가 무엇을 보고 있는지를 뇌에 알려 주고, 귀 안에 있는 전정기관은 몸이 어느 방향으로 어떻게 움직이는지를 감지하죠.

전정기관은 세 개의 반고리관(세반고리관)과 두 개의 주머니로 이루어져 있는데, 그 안에는 액체와 감각세포가 들어 있어요. 몸이 기울거나 회전하면 이 액체가 움직이면서 감각세포를 자극하고, 그 자극은 신경 신호로 바뀌죠. 이 신호는 전정신경을 통해 중추신경계, 특히 뇌간으로 전달돼요.

뇌간은 뇌의 가장 아래쪽에 있는 부위로, 감각 정보를 빠르게 처리하고 구토, 호흡, 심장박동처럼 생명을 유지하는 기본적인 반응을 조절하는 곳이에요. 멀미가 생길 때도 이 뇌간이 중심 역할을 해요.

그런데 문제가 생기는 순간은 눈과 귀가 서로 다른 이야기를

할 때예요. 예를 들어, 버스를 타서 책을 읽기 시작했을 때를 떠올려 볼까요? 책만 보고 있는 눈은 '지금 몸이 가만있어요'라고 뇌에 보고하죠. 하지만 귀에 있는 전정기관은 버스의 흔들림을 감지해서 '몸이 계속 움직이고 있어요!'라고 신호를 보내요. 이렇게 눈과 귀에서 서로 엇갈린 정보를 받는 뇌는 상황을 이상하게 느끼고 스스로 경고 신호를 보내기 시작합니다. 그 결과가 바로 울렁거림, 어지러움, 그리고 멀미인 거예요.

내 몸을 지키려는 뇌의 오해

감각 정보가 충돌할 때 뇌는 어떻게 반응할까요? 과학자들은 이에 대해 뇌가 마치 '중독된 상태'라고 착각할 수 있다고 설명해요. 이를 '독 가설(Toxin Hypothesis)'이라고 부르는데, 멀미를 감각의 혼란을 넘어 뇌가 생존을 위해 내리는 예방적 판단으로 보는 관점이에요.

왜 이런 착각이 생길까요? 자연에서는 감각이 서로 어긋나는 경험이 흔하지 않아요. 그런데 이런 감각 충돌은 환각이나 중독 상태, 특히 신경계에 영향을 주는 독성 물질을 먹었을 때 자주 일어나요. 그래서 뇌는 '이상한 신호가 들어왔어. 혹시 독을 먹은 건 아닐까?' 하고 위험을 감지하고, 몸속의 해로운 것을 토하라는 명령을 내리죠.

이 명령은 뇌간에 있는 '구토중추'에서 이루어져요. 구토중추는 위나 장의 상태뿐 아니라 귀의 전정기관, 시각 정보, 혈액 속 화학 성분까지 종합해서 판단하는 뇌의 작은 통제 센터예요. 멀미를 겪을 때 나타나는 반응들, 즉 속이 울렁거리고, 침이 고이고, 식은땀이 나고, 결국 토하게 되는 과정은 실제로 중독 증상과 매우 비슷해요.

흥미로운 사실은 이 반응을 뇌의 착각이라고만 볼 수 없다는 거예요. 뇌는 아주 민감하게 작동해서 위험한 상황이 조금이라도 의심되면 미리 대처하려고 해요. 그만큼 우리 몸은 빠르고 조금은 과도할 수 있는 보호 시스템을 갖추고 있는 셈이죠.

결국 멀미는 몸이 고장나서 생기는 게 아니라, 민감하게 작동하는 생존 본능의 부산물일지도 몰라요. 그저 성가시기만 한 반응인 줄 알았던 멀미가 우리 몸을 지키기 위한 뇌의 전략이었다니, 정말 흥미롭지 않나요?

멀미약

뇌가 '독이 들었다'고 착각하며 보내는 멀미 신호는 어떻게 잠재울 수 있을까요? 그 역할을 해 주는 것이 멀미약이에요.

멀미약은 단순히 감각을 없애는 게 아니라, 감각기관에서 뇌로 전달되는 신호를 조절하거나 차단해요. 그 중심에는 '신경전달물질'이 있어요. 이 물질은 감각기관과 뇌 사이를 오가며 신호를 전달하는 메신저 역할을 하죠. 멀미약은 이 메신저의 작용을 줄이거나 막아 뇌가 과잉 반응을 하지 않도록 도와줘요.

멀미약은 크게 두 가지 종류로 나뉘어요. 첫째는 항히스타민제예요. 디멘히드리네이트처럼 약국에서 쉽게 구할 수 있는 약이 여기에 속해요. 이 약은 히스타민이라는 신경전달물질의 작용을 억제함으로써 전정기관에서 구토중추로 가는 신호를 차단해요.

둘째는 항콜린제, 대표적으로 스코폴라민이 있어요. 이 약은 아세틸콜린이라는 또 다른 신경전달물질의 작용을 억제해요. 보통 귀 뒤에 붙이는 패치 형태로, 효과도 오래 가죠. 우주 비행사나 전투기 조종사처럼 멀미에 민감한 환경에서 일하는 사람들도 사용한답니다.

왜 같은 효과를 나타내는 성분이 두 가지나 필요한 걸까요?

그건 사람마다 멀미를 유발하는 경로가 다르기 때문이에요. 또 히스타민 경로에 민감한 사람도 있고, 아세틸콜린 경로에 더 예민하게 반응하는 사람도 있어요. 그래서 다양한 상황과 체질에 맞게 작용 방식이 다른 약이 개발됐답니다.

일상에서는 주로 항히스타민제가 더 널리 쓰여요. 쉽게 구할 수 있고, 효과도 좋고, 사용법이 간편하거든요. 반면 스코폴라민은 효과는 강하지만 부작용도 클 수 있어서, 장거리 여행이나 특수한 상황에 사용돼요.

두 약물 모두 뇌의 구토중추로 가는 신호를 차단한다는 공통점이 있어요. 감각의 충돌로 생긴 뇌의 오해를 잠재워 주는 거죠. 물론 이런 신호를 억제하는 만큼 졸림이나 입 마름 같은 부작용이 생길 수 있다는 점도 기억해야 해요. 감각 회로에 작용하는 약이기 때문에, 다른 뇌 기능에도 영향을 줄 수 있거든요. 이렇듯 멀미약은 뇌와 감각기관 사이의 복잡한 신호 흐름을 조절해 멀미라는 착각을 잠재우는 과학적인 도구예요.

멀미에 강한 사람들의 비밀

어떤 사람은 조금만 흔들려도 속이 울렁거리는데, 어떤 사람은

험한 길도 아무렇지 않게 지나가죠. 뇌의 '경고'를 약으로 잠재우는 사람이 있는가 하면, 그 경고 자체가 잘 울리지 않는 사람도 있어요. 왜 사람마다 다른 반응을 보일까요?

멀미에 대한 민감도는 어느 정도 유전적인 영향을 받아요. 귓속 전정기관의 민감도, 뇌의 신경 회로 반응, 신경전달물질 수용체의 특성 등이 사람마다 조금씩 다르기 때문이에요. 그래서 태어날 때부터 멀미에 약한 체질을 가진 사람도 있고, 비교적 멀미를 덜 느끼는 체질도 있죠.

유전적인 요인이 전부는 아니에요. 멀미는 반복 훈련을 통해 뇌가 적응할 수 있는 감각 반응이거든요. 예를 들어, 배를 처음 타면 어지럽고 메스꺼울 수 있지만, 여러 번 타다 보면 멀미가 줄어드는 경우가 많아요. 뇌가 시각 정보와 전정기관의 신호 차이에 익숙해지면서, 더 이상 그것을 위험 신호로 인식하지 않는 거죠.

이런 뇌의 적응 능력은 실험으로 확인된 적이 있어요. 미 해군과 NASA에서 멀미를 줄이기 위한 훈련 프로그램의 하나로 '회전의자 실험'을 진행했죠.

참가자들은 매일 일정 시간 동안 회전 의자에 앉아 반복 자극을 받았는데, 처음에는 대부분 어지럼증이나 구토 같은 멀미 증상을 느꼈어요. 그런데 며칠이 지나자 놀라운 변화가 나타났죠.

멀미 증상이 점점 줄어든 거예요. 뇌는 회전할 때마다 눈과 귀에서 들어오는 서로 다른 정보를 받아 혼란스러웠지만, 반복되는 자극 속에서 '이 정도 감각 충돌은 위험하지 않다'고 스스로 학습하기 시작했어요.

이 실험은 멀미가 타고난 체질 때문만이 아니라, 뇌가 감각 충돌에 얼마나 잘 적응하느냐에 따라 줄어들 수 있음을 보여 준 사례예요. 물론 모든 사람이 똑같은 속도로 적응하는 건 아니지만, 반복 자극을 통해 멀미를 조절할 수 있다니 희망적이지 않나요?

결국 멀미에 강한 사람의 비밀은 타고난 민감도와 함께 뇌가 얼마나 잘 적응하고 감각 충돌을 받아들이는가에 있어요. 우리의 뇌는 생각보다 훨씬 유연하고, 반복을 통해 많은 것을 학습할 수 있는 놀라운 기관이랍니다.

멀미약, 뜻밖의 활약

멀미약은 이동 중 울렁거림도 예방하고, 감각과 뇌의 신호를 조절하는 데도 중요한 역할을 해요. 과학자들은 앞으로 멀미약이 신경과학, 게임, 정신 건강 치료 분야에서도 활약할 거라고 보고 있어요.

특히 가상현실(VR) 게임처럼 화면은 빠르게 움직이는데 몸은 가만있는 상황에서, 눈과 귀가 전하는 정보가 어긋나며 마치 실제 멀미처럼 속이 울렁거리는 현상이 나타나기도 해요. 이런 증상을 '사이버 멀미'라고 불러요.

흥미로운 건 이런 사이버 멀미를 줄이기 위한 멀미약이 주목받고 있다는 점이에요. 예를 들어, 디멘히드리네이트 같은 항히스타민 성분의 멀미약을 게임 전에 복용하면, 멀미 증상이 줄어든다는 사용자 경험과 일부 실험 결과 들이 보고되고 있어요. 아직 공식적인 치료법은 아니지만, 일부 연구에서는 멀미약이 VR 콘텐츠를 더 오래, 더 편하게 즐기도록 도와줄 수 있다는 가능성에 주목하고 있죠.

또 하나 놀라운 사실은 멀미약이 멀미에만 쓰이는 약이 아니라는 점이에요. 최근 스코폴라민처럼 멀미약의 성분을 우울증이나 불안장애 같은 정신질환 치료에도 활용할 수 있다는 연구가 진행 중이에요. 이 성분이 뇌의 아세틸콜린 수용체를 억제하기 때문에, 기분 조절과 감정 반응에 영향을 줄 수 있다는 사실에 주목하고 있죠. 아직은 임상 시험 단계지만, 멀미약이 '감각을 다루는 약'에서 '정서를 조절하는 약'으로 확장될 가능성을 보여주는 사례예요.

다만, 게임을 더 오래 하기 위해 멀미약을 일부러 복용하는

멀미약

건 절대 권장하지 않아요. 이 약들은 뇌의 신경전달물질에 직접 작용하기 때문에 무분별하게 복용하면 졸림, 입 마름, 집중력 저하 같은 부작용이 생기고, 장기적으로는 건강에 해로울 수 있어요. 약은 반드시 증상이 있을 때, 전문가의 조언에 따라 사용하는 것이 원칙이라는 걸 꼭 기억해 주세요.

멀미를 막는 작은 패치나 알약을 게임과 정신 건강 분야에까지 활용할 수 있다니, 흥미롭지 않나요?

흡수력의 발명이
권리로!

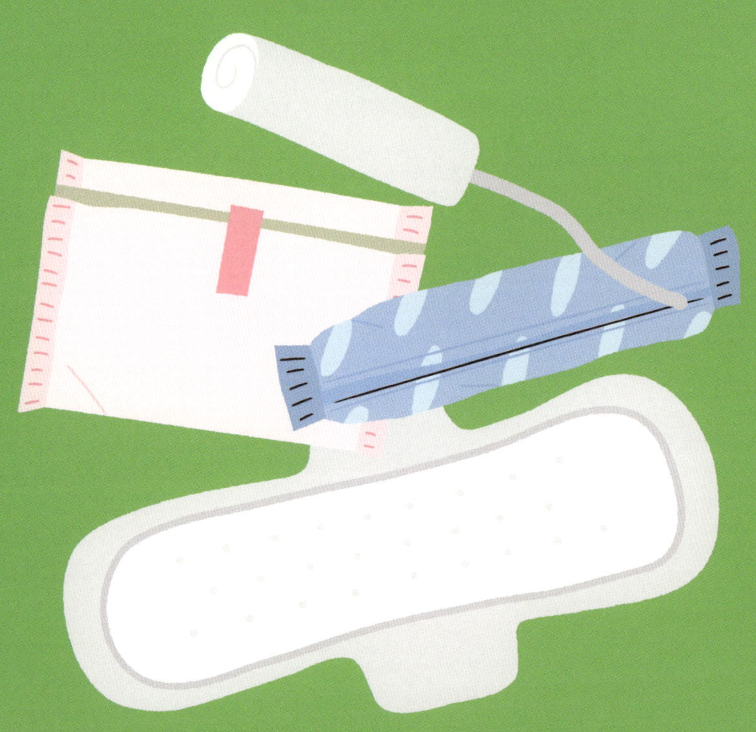

　생리대는 처음부터 여성을 위해 만들어진 발명품이 아니었어요. 그 시작은 제1차 세계대전의 전쟁터였답니다. 당시 간호사들은 부상병을 치료하는 과정에서 피를 흡수하기 위해 목재 펄프로 만든 패드를 사용했어요. 매우 가벼우면서도 많은 양의 액체를 흡수할 수 있었죠.

　전쟁이 끝난 뒤, 1920년대 미국 기업 '킴벌리 클라크'는 군용 패드를 개조해 세계 최초의 일회용 생리대 '코텍스'를 선보였어요. 하지만 처음부터 크게 환영받지는 못했어요. 생리에 관한 이야기를 꺼내는 것 자체가 수치스럽게 여겨지던 시대였으니까요.

　당시 생리대는 약국에서 마련한 전용 통에 돈을 넣고 몰래 가져가는 방식으로 팔리기도 했답니다. 생리대를 둘러싼 과학기술은 빠르게 발전했지만, 인식의 변화는 더뎠죠.

빨고, 삶고, 감췄던 날들

우리가 흔히 '생리'라고 부르는 것은 의학적으로는 '월경'이라고 해요. 이는 임신이 되지 않았을 때, 자궁내막이 주기적으로 탈락하면서 혈액과 함께 배출되는 자연스러운 현상이죠.

지금은 생리가 시작되면 약국이나 편의점에서 생리대를 손쉽게 살 수 있지만, 옛날에는 전혀 그렇지 않았어요. 생리혈을 막거나 흡수해 줄 도구가 마땅치 않았던 시절, 사람들은 각자 처한 환경과 문화 속에서 저마다의 방식으로 생리를 감당해 왔답니다.

고대 이집트 여성들은 말린 파피루스나 천 조각을 질 안에 삽입해 생리혈을 처리한 것으로 추정돼요. 사용법에 대한 기록은 적지만, 고대 의학 문서와 유물 해석을 통해 탐폰과 비슷한 방식으로 사용했을 가능성이 제기되고 있어요.

고대 로마 여성들은 양털이나 헝겊으로 만든 흡수용 패드를 속옷에 고정해 사용한 것으로 알려져 있어요. 로마 시대의 일부 기록에는 흡수력이 있는 천이나 양털로 생리혈을 받아 냈다는 묘사가 등장해요. 이런 재료는 세척과 재사용이 어려워 위생 관리가 쉽지 않았을 거예요.

조선 시대 여성들은 '개짐'이라는 천 조각을 사용했어요. 조선 후기의 생활 서적《규합총서》에 따르면, 여성들은 삼베나 무

생리대

명으로 만든 천을 네모나게 접은 후 속곳 안에 고정해 생리혈을 처리했다고 해요. 이처럼 흡수용 천을 겹겹이 접어 고정한 형태를 개짐이라고 불렀죠. 사용한 천은 반드시 삶아서 깨끗이 빨고 말려서 다시 사용하는 방식이었어요. 하지만 제대로 고정하지 않으면 옷에 묻을까 불안해하는 경우도 많았다고 해요. 그래서 생리 기간엔 외출을 꺼리거나 움직임을 줄이는 것이 일반적이었다고 전해져요.

오늘날의 관점으로 보면 번거롭고 불편해 보일 수 있지만, 당시 여성들에게는 주어진 조건 속에서 생리를 감당하기 위한 생활의 지혜였죠. 여기에는 생리를 자연스러운 현상이라기보다 감추고 조심해야 하는 일로 여겼던 사회 분위기도 영향을 미쳤을 거예요.

20세기 초가 되면 본격적으로 벨트형 생리대가 등장해요. 밴드처럼 생긴 허리띠에 흡수용 패드를 걸어 쓰는 방식이었죠. 우리에게 익숙한 형태의 '생리대'가 여성의 일상에 처음으로 등장한 거예요.

생리대를 둘러싼 역사를 들여다보면, 그 속에는 도구의 진화만이 아니라 여성의 삶, 사회의 인식, 기술의 발전이 함께 담겨 있어요. 작고 사소해 보이는 생리대 한 장이 그 시대 여성들의 생활과 권리를 보여 주는 작은 창문처럼 느껴지지 않나요?

몇 시간 동안 새지 않는 이유

지금 우리가 쓰는 생리대는 흡수용 천이나 패드와는 완전히 달라요. 몇 시간 동안이나 생리혈을 빠르게 흡수하고 겉은 보송하게 유지되죠. 이 얇고 가벼운 생리대에는 어떤 과학이 숨어 있을까요?

가장 핵심적인 건 바로 '고분자흡수체'라는 물질이에요. 이 물질은 자기 무게의 수백 배에 달하는 액체를 빨아들일 수 있어요. 생리혈이 생리대에 닿으면 고분자가 액체를 순식간에 흡수해서 젤 상태로 바꿔요. 이렇게 젤로 바뀌면 몸을 움직여도 생리혈이 흘러내리지 않고, 새는 현상도 줄어들어요. 마치 스펀지가 물을 머금고 있지만 흐르지 않는 것처럼 말이에요.

고분자흡수체만큼이나 중요한 건 피부와 닿는 표면이에요. 생리대의 가장 바깥쪽은 부드러운 부직포로 되어 있어요. 피부에 자극을 덜 주고, 표면을 보송보송하게 유지해 주죠. 그 아래에는 흡수 조절층이 있어서 액체를 아래로 빠르게 전달하고, 다시 올라오지 않도록 막아 줘요. 맨 아래 통기성 필름은 공기가 통하게 하면서도 액체는 새지 않도록 해 줍니다. 그래서 몇 시간 동안 앉아 있거나 움직여도 겉이 축축해지지 않고 비교적 쾌적하죠.

생리대

하지만 생리대가 완벽하다고 말할 수는 없어요. 고분자흡수체나 화학 성분, 향료 등이 일부 사람들에게는 피부 자극이나 알레르기 반응을 일으킨다는 보고도 있거든요. 몇 년 전, 일부 생리대 제품에서 휘발성 유기화합물이 검출됐다는 뉴스가 보도되면서 생리대의 인체 유해성에 대한 우려의 목소리가 높았어요. 현재 생리대 대부분은 국가 기준에 따라 안전성을 검증받고 있고, 피부 자극 검사를 하는 경우가 많아요. 사람마다 체질이 다르기 때문에 자신에게 맞는 제품을 찾는 것이 중요해요.

탐폰부터 생리컵까지
무궁무진한 생리 용품의 세계

다양한 생리 용품이 있다는 사실을 알고 있나요? 일회용 생리대 외에도 탐폰, 생리컵, 면 생리대처럼 여러 가지 대안이 있고, 각각 작동하는 과학 원리와 주의할 점도 달라요.

먼저, 탐폰은 생리혈이 몸 밖으로 나오기 전에 질 안에서 직접 흡수하는 제품이에요. 솜처럼 생긴 흡수체가 생리혈을 빠르게 빨아들여 겉으로 새지 않도록 막아 줘요. 그래서 활동적인 운동을 할 때 유용하지만, 오랜 시간 착용하면 '독성쇼크증후군

(TSS)’이라는 질병이 생길 수 있어요. TSS는 세균, 특히 황색포도상구균이 내부에서 빠르게 증식하면서 발생하는 감염 증상으로, 고열, 구토 등이 나타나요. 1980년대 초 미국에서는 고흡수성 탐폰을 오래 착용한 청소년이 TSS로 사망한 사례가 보고되면서 사회적으로 논란이 되기도 했죠. 하지만 오늘날 판매되는 탐폰은 안전 기준이 강화되어 위험성이 매우 낮아요. 4~6시간마다 탐폰을 교체하고, 자는 동안에는 가급적 사용을 피한다면 탐폰은 편리하고 안전한 선택지가 될 수 있어요.

생리컵은 실리콘 재질의 컵으로, 질에 넣어 생리혈을 받아 내는 도구예요. 생리대나 탐폰처럼 흡수하는 게 아니라 컵 안에 생리혈이 고이는 구조랍니다. 생리혈이 새지 않도록 컵이 질벽에 진공 밀착되기 때문에 제대로 착용하면 공기가 차단돼 생리혈이 밖으로 흐르지 않아요. 실리콘은 끓는 물에 소독할 수 있어 반복 사용이 가능하고, 쓰레기도 줄일 수 있어서 환경친화적이죠.

면 생리대는 화학 성분이 거의 없고 부드러운 천 재질이라 피부 자극이 적어요. 사용한 뒤엔 깨끗이 세척하고 말린 후 다시 사용하는 방식이에요. 생리컵과 면 생리대는 환경 부담이 적지만 세척과 보관이 번거로울 수 있어요.

이처럼 생리 용품마다 작동 특징이 달라요. 무엇보다 중요한 건 자기 몸에 맞는 제품을 알고, 원리와 주의사항을 정확히 이해

생리대

약국
생리대
생리대
탐폰
상처밴드
상처밴드

한 후 사용하는 거예요.

생리대, 500년 후에도 남아 있다면?

우리가 흔히 쓰는 일회용 생리대가 환경에 어떤 영향을 줄지 생각해 본 적 있나요? 생리대 대부분은 플라스틱과 고분자 화합물로 만들어져요. 겉면을 감싸는 부직포부터 흡수력을 높이는 고분자흡수체, 접착제까지 모두 분해되지 않는 합성 소재죠. 한 번 쓰고 버려지는 생리대 한 개가 썩는 데는 적어도 500년 이상이 걸린다는 연구도 있어요. 이토록 오래 땅속이나 바다에 남아 환경을 오염시키죠.

전 세계적으로 매년 사용되는 생리대는 약 450억 장으로 추정돼요. 이 중 대부분은 매립되거나 소각되는데, 소각 과정에서 유해 물질이 배출되고, 매립된 제품은 거의 분해되지 않은 채로 남아요. 해양환경공단의 '국가해양쓰레기조사'에 따르면 해변에서 발견된 플라스틱 쓰레기 중 생리대가 포함된 사례가 적지 않아요. 하지만 플라스틱 빨대, 비닐봉지처럼 일회용 생리대도 플라스틱 제품이라는 사실을 많은 사람이 모르고 있죠.

문제를 해결하기 위해 다양한 친환경 생리 용품이 개발되고

생리대

있어요. 생분해성 생리대는 옥수수 전분, 대나무 섬유, 유칼립투스 펄프 같은 식물성 소재로 만들어 자연에서 6개월~2년 안에 분해될 수 있어요. 면 생리대는 여러 차례 세탁해서 쓸 수 있어서 폐기물량을 크게 줄일 수 있고, 생리컵처럼 반영구적으로 사용할 수 있는 제품도 점점 인기를 얻고 있어요. 특히 생리컵은 한 개로 최대 10년까지 사용할 수 있다고 해요.

이와 함께 과학자들은 시중에 판매되는 생리 용품의 유해성을 연구하고 있어요. 유기농 생리대에서도 미세플라스틱이 검출되는가 하면, 생리대의 방수 필름에서 유해 물질이 나올 수 있다는 연구도 있었죠. 그래서 요즘은 '천연'이나 '유기농'이라는 말보다, 실제 재료와 분해 가능성, 실험 결과를 바탕으로 판단하려는 소비자가 늘었어요.

결국 생리대를 포함한 생리 용품은 단순한 개인의 선택을 넘어, 환경과 인체 건강, 지속 가능성까지 고려해야 하는 문제로 확대될 수 있어요. 대체품의 가격이나 재사용할 때의 번거로움 때문에 모든 사람이 단번에 바뀌기는 어렵겠죠. 하지만 우리가 이런 사실을 알고 고민하는 것만으로도 이미 변화는 시작됐어요.

2016년 보도되었던 '깔창 생리대' 사건은 많은 사람을 놀라게 했어요. 생리대를 살 수 없어서 신발 깔창으로 대신해야 했던 한 여학생의 이야기였죠. '생리 빈곤'이라는 말이 뉴스에 오르내리고, 생리가 더 이상 개인의 문제가 아니라 사회가 함께 고민해야 할 문제로 인식되기 시작했어요.

그 이후 변화가 일어났어요. 저소득층 청소년을 위한 생리대 지원이 확대되고, 일부 학교나 지자체에서는 화장실에 생리대를 비치해 두었어요. 또 생리는 숨겨야 할 일이 아니라, 누구나 알고 함께 이야기해야 하는 주제라고 인식이 바뀌고 있어요. 특히 요즘은 남학생들에게도 생리와 생리대에 대해 가르치는 교육이 점점 늘고 있어요. 생리는 여성만의 일이 아니라, 서로를 이해하고 존중하는 사회를 위한 기본적인 상식이니까요.

생리대에는 고분자화학, 위생과 건강, 환경과 자원, 그리고 인권과 감수성까지 다양한 이야기가 담겨 있어요. 생리대를 제대로 이해하는 것만으로도 우리는 과학을 더 잘 알 수 있고, 사회의 문제를 더 깊이 들여다볼 수 있어요.

생리대를 공부한다는 건 단순히 제품을 아는 것이 아니라, 우리 사회가 얼마나 더 건강해질 수 있는지, 나아가 얼마나 더 평

생리대

등해져야 하는지 함께 상상하는 일이에요. 작은 한 장의 생리대에서 시작된 관심이 누군가의 삶을 바꾸고, 세상을 조금 더 나은 방향으로 이끌 수도 있어요. 이제는 모두가 생리대에 관해 이야기할 수 있는 사회가 되어야 해요. 그래야 진짜로 불편하지 않은 생리, 평등한 일상이 가능해질 테니까요.

눈에 닿는 순간
보호막이 된다

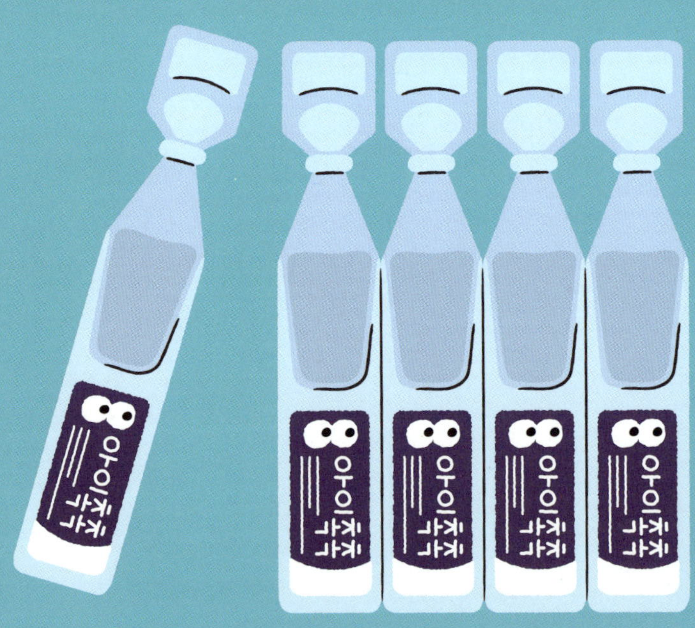

　안약 실험이라고 하면 어떤 동물이 생각나나요? 한때는 수많은 토끼가 실험 대상이었어요. '드레이즈 테스트'라고 불렀죠. 약품을 토끼의 눈에 직접 떨어뜨린 후 충혈되거나 부풀거나, 각막이 손상되는 정도를 매일 관찰하는 방식이에요. 이처럼 가혹한 방식도 한때는 안약, 화장품, 인공눈물 등 눈에 사용하는 제품의 안전성을 평가하는 표준 실험이었죠.

　왜 이렇게까지 했을까요? 우리 눈은 민감한 기관이라 약간의 자극만으로도 아프고, 잘못된 약이 들어가면 시력까지 위험해질 수 있어요. 그래서 인공눈물처럼 자주 반복해서 사용하는 제품은 엄격하게 안전성을 검증해야 했죠.

　최근에는 눈 세포 배양 시스템 같은 기술이 등장하면서, 토끼 대신 인공 각막 모델로 실험을 하고 있어요. 눈을 지키기 위한 과학은 더 윤리적인 방향으로 나아가고 있답니다.

우리가 눈물을 흘리는 이유는 복받치는 감정 때문만은 아니에요. 눈은 얇은 수분 막으로 덮여 있는데, 이를 '눈물막'이라고 해요. 눈물막은 눈을 촉촉하게 유지해 주고, 먼지나 세균 같은 외부 자극으로부터 보호한답니다. 그러니 눈물이 마르면 눈 건강을 잃을 수 있다는 말이 과장은 아니죠.

눈물막은 세 가지 층으로 이루어져 있어요. 가장 바깥쪽의 기름층, 가운데의 수분층, 그리고 안쪽의 점액층이에요. 기름층은 눈물이 증발하지 않도록 막아 주고, 수분층은 눈에 수분과 영양분을 공급하며, 점액층은 눈물막이 눈 표면에 잘 붙도록 도와줘요. 이 세 층이 균형을 이룰 때 눈이 건강하게 유지될 수 있어요.

과거에는 눈물을 소금물로 정도로 여겼지만, 현대 과학자들은 눈물이 물, 지질, 단백질, 당, 효소, 면역 물질 등 다양한 성분으로 이루어져 있다는 사실을 밝혀냈어요. 이러한 성분들은 눈을 촉촉하게 유지해 주고, 세균을 죽이거나 염증을 줄여 주는 항균 작용도 해요. 눈물은 보습제이자 살균제 역할을 하는 똑똑한 액체랍니다.

눈물은 감정과도 관련이 깊어요. 감정적으로 힘들 때 나오는 눈물은 평소와 성분이 조금 다르고, 눈물 자체가 감정을 조절하

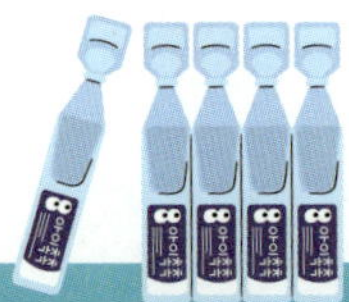

인공눈물

고 진정시키는 데도 영향을 준다고 해요. 슬프거나 기쁠 때 눈물이 나는 것은 단순한 감정 표현이 아니라, 몸과 마음의 균형을 유지하려는 생리학적 반응이랍니다.

이처럼 눈물은 몸을 지키는 방패이자 마음을 달래는 약이에요. 그러니 눈이 젖어 있다면, 그건 연약함이 아니라 정교한 생명 유지의 신호일지도 몰라요.

눈이 뻑뻑한 건 스마트폰 때문일까?

눈물은 눈을 지키는 방패라고 했죠. 그 방패가 약해지면 어떤 일이 생길까요? 오래도록 스마트폰이나 컴퓨터 화면을 들여다보면 눈이 건조하고 뻑뻑해지는 경험을 한 적이 있을 거예요. 눈이 피곤하고, 이물질이 들어간 것처럼 느껴지고, 자꾸 깜빡거리게 된다면 '안구건조증'일 수도 있어요.

예전엔 이 병이 나이 많은 사람에게만 생긴다고 생각했지만, 요즘은 청소년들에게도 흔히 생기는 병이에요. 특히 공부나 스마트폰 하기, 독서 같은 활동은 오래 할수록 눈을 덜 깜빡이게 되는데, 이것이 눈에 나쁜 영향을 미치죠. 눈 깜빡임은 눈물막을 고르게 펴서 눈을 보호하는 자연스러운 움직임이에요. 그런데 깜빡임이 줄어들면 눈물막이 불안정해지고 수분층이 금세 말라 버려요.

　게다가 에어컨 바람이나 건조한 실내 공기도 눈물의 증발을 촉진해요. 이러한 이유로 눈물이 잘 만들어지지 않거나 너무 빨리 마르면, 눈의 보호막이 깨지고 뻑뻑함, 따가움, 눈부심 같은 안구건조증 증상이 나타나요. 심하면 눈에 상처가 생기거나 평소보다 빛에 민감해지고, 눈을 제대로 뜨기 어려울 만큼 불편해지기도 하죠.

　눈이 뻑뻑한 건 단순한 피곤함이 아니라, 눈물막이 보내는 위험 신호일 수 있어요. 스마트폰을 오래 보거나 눈이 피곤한 날엔 중간중간 눈을 감고 쉬거나 인공눈물을 넣는 것도 도움이 돼요. 눈이 보내는 신호를 무시하지 말고, 우리 눈의 '방패'를 지키는 습관을 갖도록 해요.

인공눈물의 정체

눈이 뻑뻑하고 건조할 때, 가장 먼저 찾게 되는 게 바로 인공눈물이죠. 한 방울만 톡 떨어뜨려도 눈이 금세 촉촉해지는 그 느낌, 누구나 한 번쯤은 경험해 봤을 거예요.

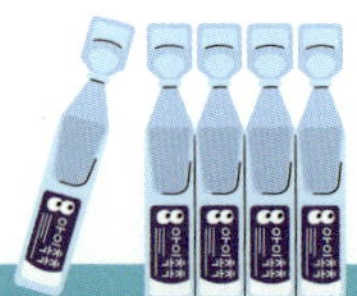

인공눈물

그런데 문득 이런 생각이 들 수도 있어요. '이건 진짜 눈물이랑 뭐가 다를까?'

진짜 눈물은 우리 몸이 아주 정교하게 만들어 내는 액체예요. 그냥 물처럼 보이지만 단백질, 지질, 당, 면역 물질과 같은 성분들이 눈을 촉촉하게 하고, 우리 눈을 세균으로부터 지켜 주는 역할을 하죠.

반면, 인공눈물은 이런 복잡한 성분까지 똑같이 구현하지는 않아요. 대신 눈물과 비슷한 기능을 고려해서 만들어졌어요. 진짜 눈물이 집에서 정성껏 끓인 국이라면, 인공눈물은 레토르트 국 같달까요? 맛은 좀 다를 수 있지만 속을 달래는 데는 충분하죠. 인공눈물도 이처럼 눈이 건조할 때 일시적으로 도움을 줄 수 있어요.

인공눈물에는 히알루론산, 카복시메틸셀룰로스 같은 고분자 성분이 들어 있어요. 히알루론산은 수분을 오래 유지하고, 카복시메틸셀룰로스는 점성을 높여 눈 표면에 더 오래 머물도록 도와주죠. 이런 성분들이 눈물막을 붙잡아 주는 거예요. 그래서 점도가 약간 있는 제품일수록 지속력이 더 좋아요.

또 하나 중요한 건 보존제의 유무예요. 하루 몇 번만 사용하는 사람이라면 보존제가 들어 있는 다회용 제품도 괜찮지만, 눈이 민감하거나 자주 넣어야 할 때는 무방부제 제품이 더 안전해요.

다만 무방부제 제품은 개봉 후 빨리 써야 하고, 대부분 일회용이에요.

이렇듯 인공눈물은 진짜 눈물을 완전히 복제하진 못하지만 건조한 눈을 촉촉하게 하고, 눈물막 형성을 잠시 도와주는 훌륭한 대체제인 건 분명해요. 그냥 물 한 방울처럼 보이지만, 그 안에는 정교한 과학 기술이 담겨 있답니다.

눈에 넣었는데 왜 안 따가울까?

인공눈물이 진짜 눈물과 다르다고 하는데, 눈에 넣었을 때 왜 따갑게 느껴지지 않을까요? 눈은 아주 예민한 기관이라 평소보다 짜거나 산성인 물질이 들어오면 금방 자극을 느껴요. 그런데 인공눈물은 눈에 들어가도 거의 불편함이 없거나 오히려 시원하게 느껴질 때도 많죠. 그것은 바로 'pH'와 '삼투압'을 실제 눈물과 최대한 비슷하게 맞췄기 때문이에요.

먼저, pH는 산성과 염기성을 나타내는 단위예요. 우리 눈물은 보통 약간의 알칼리성으로 pH 7.0~7.4 정도인데요. 인공눈물도 그 범위에 최대한 가깝게 만들어져요. pH가 너무 낮으면 눈에 산성 자극을 주고, 너무 높으면 알칼리성 자극이 생겨서 두 경우

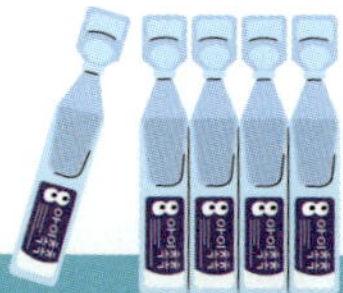

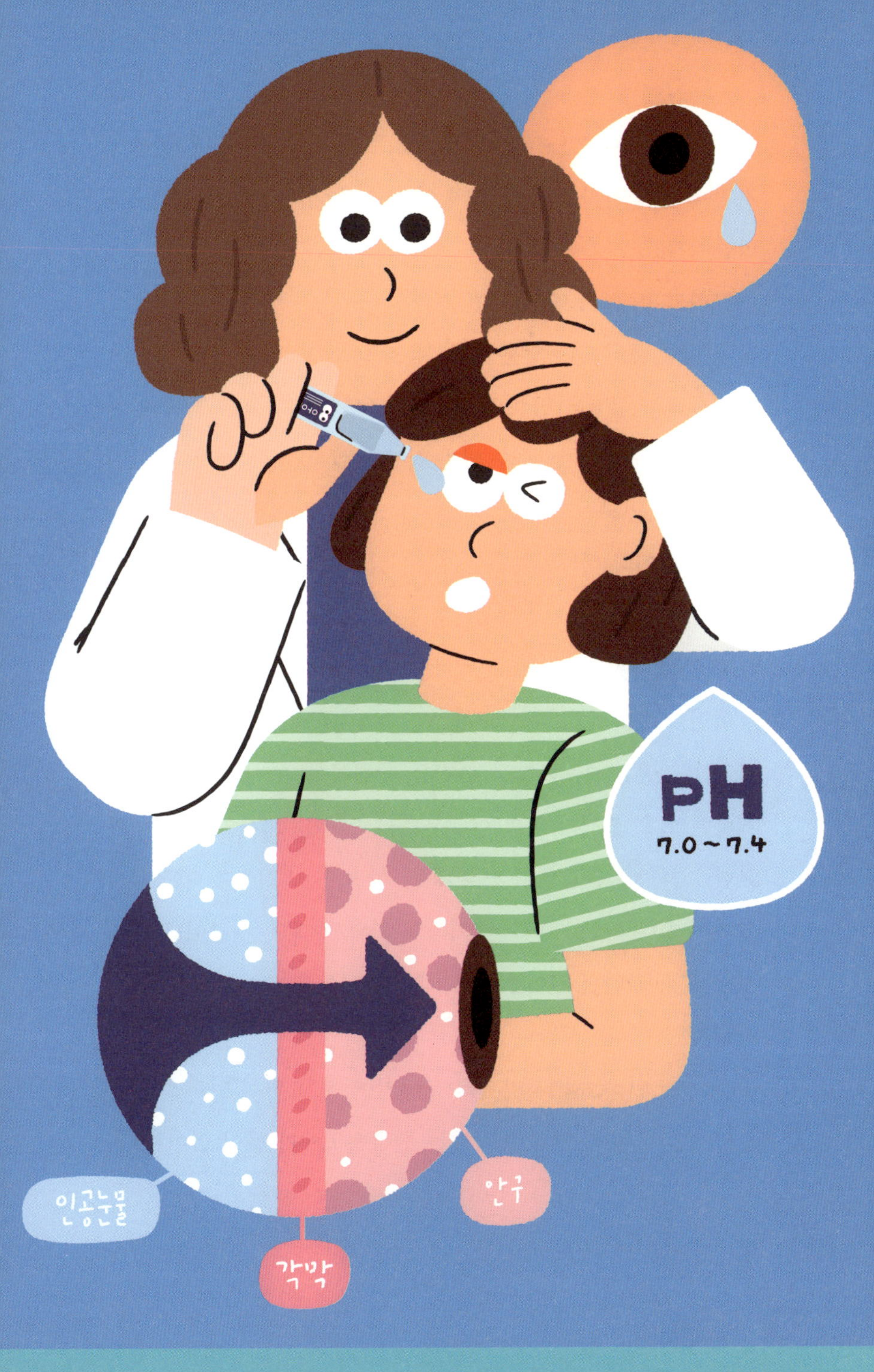

PH
7.0~7.4
인공눈물
각막
안구

모두 눈이 따갑게 느껴질 수 있어요. 그래서 인공눈물은 눈물이 가진 중성에 가까운 pH를 모방해 눈에 들어가도 자극이 없도록 만들어지죠.

그리고 또 하나 중요한 건 삼투압이에요. 삼투압이란 물속에 녹아 있는 소금이나 당분 같은 '용질'의 농도 차이에 따라 물이 이동하려는 성질을 말해요. 우리 눈물에도 약간의 염분이 있어서, 눈이 편안하게 느낄 수 있는 적절한 삼투압을 유지하고 있어요. 그런데 인공눈물이 너무 묽거나 진하면 눈 안에서 균형이 깨져서 따갑거나 뻑뻑하게 느껴질 수 있죠. 인공눈물은 눈물의 삼투압과 거의 비슷하게 만들어져, 눈에 들어가도 우리 몸이 별다른 이상 반응을 느끼지 않도록 해 줘요.

이런 과학적인 조절 덕분에 인공눈물은 피부에 바르는 약보다 까다로운 물리·화학적 조건을 맞춰야 해요. 특히 무방부제 제품은 더욱 섬세하게 만들어야 해서, 일부는 의사의 처방이 필요한 '의약품' 등급으로 분류돼요. 한편, 일반적으로 약국에서 쉽게 구할 수 있는 제품은 '의약외품'에 속해요. 성분이나 효과가 비교적 간단한 편이고, 일시적인 불편함을 줄이는 데 초점을 맞추죠.

참고로, 인공눈물과 비슷해 보이지만 충혈 완화 안약은 다른 원리로 작용해요. 이런 안약에는 혈관수축제가 들어 있어서, 눈

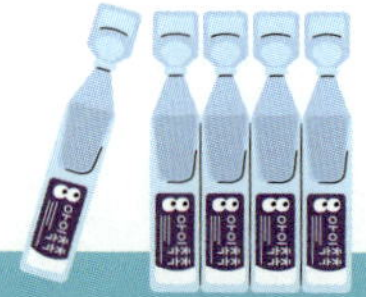

인공눈물

이 빨갛게 충혈됐을 때 투여하면 모세혈관을 좁혀서 겉으로는 금세 하얗게 돌아온 것처럼 보이죠. 하지만 눈의 건조함이나 염증을 근본적으로 해결하진 않기 때문에, 자주 사용하면 오히려 눈에 부담을 줄 수 있어요.

결국 인공눈물이 눈에 들어가도 따갑지 않은 건 '순한 물'이라서가 아니라, 눈물의 pH와 삼투압, 눈의 환경을 정밀하게 관찰하고 흉내 낸 결과예요.

눈물 한 방울로 병을 알아낸다고?

인공눈물 한 방울에 그렇게 정교한 과학이 담겨 있다면, 앞으로는 어떤 가능성이 펼쳐질까요? 이 작은 물방울이 우리 몸의 상태를 알려주는 진단 도구가 될 수도 있을 거예요.

과학자들은 눈물에 들어 있는 단백질, 당, 효소 같은 성분을 분석해서 질병을 조기에 발견하려는 연구를 활발히 진행하고 있어요. 그중 알츠하이머병과 관련된 특정 단백질 조각이 눈물에서도 발견될 수 있다는 연구가 있어요. 이 성분을 정밀하게 분석하면 뇌에서 이상이 생기기 훨씬 이전, 즉 증상이 나타나기 전부터 이상 신호를 포착할 수 있다고 해요.

또 다른 예로는 당뇨병이 있어요. 혈당이 높아지면 눈물 당 농도도 올라가기 때문에, 눈물을 통해 혈당을 모니터링하는 기술도 개발 중이에요. 이런 기술이 가능해지려면 눈물 성분을 실시간으로 읽어 낼 수 있는 장치가 필요하겠죠?

그래서 지금은 '스마트렌즈'라고 불리는 콘택트렌즈형 센서도 개발되고 있어요. 이 스마트렌즈는 눈에 착용만 해도 눈물 성분을 분석하고, 데이터를 스마트폰으로 전송할 수 있어요. 말 그대로 '눈 위의 건강검진'인 셈이죠.

게다가 어떤 연구팀은 인공눈물에 센서를 넣거나, 인공눈물과 호환되는 렌즈를 개발해서, 눈물 분석과 눈 보호를 동시에 할 수 있는 기술도 실험 중이에요.

눈에 부족한 눈물을 넣는 대신 '눈물 생성을 스스로 촉진하는 약'을 개발하려는 시도도 있어요. 이렇게 되면 건조할 때마다 수시로 인공눈물을 넣지 않더라도, 내 눈이 스스로 방어력을 회복하도록 도울 수 있을 거예요.

언젠가는 피 한 방울 뽑지 않고도, 눈물 한 방울만으로 건강 상태를 확인할 수 있는 날이 올까요? 눈물은 감정을 보여 주는 액체이기도 하지만, 과학자들에게는 몸 상태를 들여다볼 수 있는 귀중한 생체 신호예요. 그런 점에서 인공눈물은 미래 의료 기술의 다리가 될 수도 있어요.

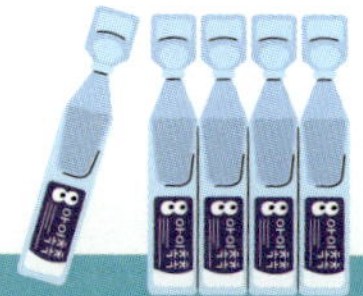

인공눈물

인공눈물 한 방울 속에 얼마나 많은 가능성이 들어 있는지,
이제 조금 알 것 같지 않나요?

약

기침 뚝 코가 뻥! 약국 과학

1판 1쇄 발행일 2025년 8월 25일

지은이 이고은

발행인 김학원
발행처 (주)휴머니스트출판그룹
출판등록 제313-2007-000007호(2007년 1월 5일)
주소 (03991) 서울시 마포구 동교로23길 76(연남동)
전화 02-335-4422 **팩스** 02-334-3427
저자·독자 서비스 humanist@humanistbooks.com
홈페이지 www.humanistbooks.com
유튜브 youtube.com/user/humanistma
인스타그램 @gomgom_teens

편집주간 황서현 **편집** 윤소빈 이영란 **디자인** 유주현 **일러스트** 신미림
조판 아틀리에 **용지** 화인페이퍼 **인쇄·제본** 정민문화사

ⓒ 이고은, 2025

ISBN 979-11-7087-371-6 43500